城市综合体项目工期管理指南

赵 丽 主编

中国建筑工业出版社

图书在版编目（CIP）数据

城市综合体项目工期管理指南/赵丽主编. —北京：中国建筑工业出版社，2012.6
 ISBN 978-7-112-14333-7

Ⅰ.①城… Ⅱ.①赵… Ⅲ.①城市建设-建筑工程-项目管理-指南 Ⅳ.①TU984-62 ②TU71-62

中国版本图书馆CIP数据核字（2012）第099973号

本指南是针对目前建设工程所普遍存在的工期紧、任务重、要求高、成本投入大、违约风险高、履约能力控制难等急需解决的问题，在提炼总结众多工期履约方面较为成熟的项目实例基础上，结合"五化"发展战略中的标准化要求编写而成的。对工期履约制定了统一的管理标准，旨在指导和引领各类房屋建设工程从单项目管理到项目群管理的思路转变，尤其是工期履约实现科学化、规范化和标准化管理，全面提升建设工程项目的履约管理能力和总承包管理能力。书的最后一章提供了3个大型工程的工期管理实例，供读者参考。

本指南适用于建设工程、房屋建筑工程，尤其适用于大型、特大型群体工程、房地产项目和城市综合体项目。

* * *

责任编辑：郦锁林 赵晓菲
责任设计：董建平
责任校对：姜小莲 陈晶晶

城市综合体项目工期管理指南
赵 丽 主编
*
中国建筑工业出版社出版、发行（北京西郊百万庄）
各地新华书店、建筑书店经销
北京红光制版公司制版
北京富生印刷厂印刷
*
开本：787×1092毫米 1/16 印张：11 字数：275千字
2012年6月第一版 2013年8月第三次印刷
定价：35.00元
ISBN 978-7-112-14333-7
（22391）

版权所有 翻印必究
如有印装质量问题，可寄本社退换
（邮政编码100037）

本书编写委员会

主　任：胡书仟
副主任：马荣全
主　编：赵　丽
副主编：周可璋　赵统军　林知炎
编　委：徐爱杰　李清超　招庆洲　李　栋　宁文忠　张文栓
　　　　张景龙　刘驷达　朱承铭　杨香福　李金华　郦锁林
参　编：刘　琛　卢国春　王珊珊　马希振　李云斌　许文亮
　　　　张海军　刘中亮　李　丽　王　振　王健昌　陈　刚

前 言

　　随着大型群体房屋建筑以及城市综合体项目和BT项目的增多，工程建设形式多元化，管理模式也从单一的专业管理，向整合各阶段管理的全过程项目管理模式发展，项目管理已从单项目管理发展到项目群管理的思路转变，尤其是项目普遍存在工期紧、任务重、要求高、投入大、风险高、控制难等急需解决的问题，都给项目提出了挑战；越来越多的业主把合作经营看作设计、建造和项目融资的一种手段，很多承包商开始靠提供有吸引力的融资条件来赢得合同，并将管理触角向建设工程的前期、后期延伸，目的是体现技术优势和总承包管理水平。更重要的是，服务链的延伸不仅能提高承包商的利润，而且可以更有效地提高效率。

　　本指南是以工期为主线而展开的项目全寿命周期管理的探索与研究，强调的是系统的思维、变化的管理和集成化的总承包能力，旨在提高生产效率和效益。据不完全统计测算：合理的项目组织与科学的工期管理，可以降低工期成本2‰～3‰；因此加强工期成本意识，树立"工期就是效益，工期就是信誉"的管理理念，是解决好工期与进度、工期与质量、工期与安全、工期与成本、工期与现场、工期与资源配置等当前项目管理焦点问题的根本途径。本指南建立基于供应链管理的总承包管理模式，以工期为主线，重点阐述了（1）项目组织与施工部署；（2）资源配置与投入；（3）各专业紧密穿插与施工组织；（4）工程收尾与交付验收等重要环节和关键控制点。通过在建和已竣工项目的实例和经验数据给出了标准工期内资源配置的投入数量；尤其是给出了每平方米钢筋、混凝土、模板、木方的投入量与每平方米劳动力的安排及每平方米对各专业操作工种的需求量等施工定额，为广大项目管理工作者提供了管理和研究依据，同时指导基层管理人员既能立足本职，又能立足当前，起到开阔视野的作用。为更好地指导项目工期履约，统一了管理思想和标准，系统地解决了不同区域、不同公司、不同项目，甚至同一个公司不同项目的管理水平存在着极大差异的问题。

　　本指南研究分析了当前工程项目管理的经验与教训，具有理论性、实践性和实用性，既适用于建筑业各级领导、项目管理工作者、建筑企业管理人员，也为大专院校、施工单位及建设单位项目管理者提供了一本通俗易懂、简单实用的操作指南。同时也为探索新形势下的总承包管理提供一套比较完整、系统、实用的参考资料。

　　本指南是在广泛征求各单位和项目管理专家意见的基础上，在众多大型、特大型综合体项目管理人员的大力支持和帮助下总结提炼而成，在此表示衷心的感谢！标准化管理是产业工业化生产和自动化控制的必要条件，由于建筑产业的生产要素和环境条件波动变化较大且难以控制，因此标准化管理难度极高。本次工期管理指南的初步研究，希望能够为产业标准化管理的开展起到抛砖引玉的作用。

由于编者本身知识、阅历、经验有限，加上编写人员仍承担着繁重的日常工作，编写时间较仓促，难免存在诸多问题，其不足之处敬请各位领导、专家和项目管理人员批评指正，并提出宝贵意见（反馈信箱 zhao21666@126.com）。我们将不断更新，用新的实践经验和理论成果丰富、充实本指南，使之为项目服务。

编 者

2012 年 4 月

目 录

第1章 概述 ··· 1
   1.1 城市综合体建设项目的创新 ··· 1
   1.2 城市综合体项目特点与风险 ··· 2
   1.3 对工程的影响分析 ·· 5
   1.4 城市综合体项目总承包的意义 ·· 6

第2章 项目组织与施工部署 ··· 9
   2.1 项目组织 ·· 9
   2.2 施工部署 ·· 12
   2.3 总平面布置 ··· 14

第3章 项目施工准备 ··· 17
   3.1 施工准备的指导思想 ·· 17
   3.2 施工条件的调查 ··· 17
   3.3 施工准备的内容 ··· 17

第4章 项目进度计划与工期管理 ··· 19
   4.1 总进度计划的编制 ·· 19
   4.2 里程碑节点控制性计划 ·· 20
   4.3 各专业穿插计划的编制 ·· 22
   4.4 各阶段进度控制的重点 ·· 29
   4.5 工期管理注意事项 ·· 32
   4.6 已完工程工期控制性计划实例 ··· 33

第5章 项目施工资源配置 ··· 37
   5.1 资源配置的原则 ··· 37
   5.2 资源管理计划 ·· 39
   5.3 主要施工定额（经验数据）参考值 ··································· 40
   5.4 项目资源配置平方米含量一览表 ······································ 41
   5.5 已竣工项目资源配置统计表 ·· 42

第 6 章　工期管理的资金保障 ·················· 53
6.1　编制项目资金策划 ························· 53
6.2　编制现金流量计划表 ······················ 53
6.3　资金保障具体措施 ························· 53
6.4　工程前期的资金准备 ······················ 54
6.5　工程进度款回收 ···························· 54

第 7 章　工期管理的技术保障 ·················· 56
7.1　工期与技术的关系 ························· 56
7.2　编制施工组织设计 ························· 56
7.3　各专业主要施工方案的编制 ············ 56
7.4　设计及施工优化要点 ······················ 59
7.5　加快施工进度的方案优化 ··············· 60
7.6　设计变更管理 ······························ 60

第 8 章　工期管理的质量保障 ·················· 61
8.1　建立质量管理小组 ························· 61
8.2　编制质量控制计划 ························· 61
8.3　全员质量管理制 ···························· 61
8.4　实施样板引路 ······························ 62
8.5　质量控制措施 ······························ 62
8.6　成品保护 ···································· 63

第 9 章　工期管理的安全保障 ·················· 65
9.1　安全管理的原则 ···························· 65
9.2　建立安全生产责任制 ······················ 65
9.3　做好安全管理八个到位 ··················· 66
9.4　落实安全生产责任制 ······················ 66
9.5　安全生产培训制度 ························· 67
9.6　安全生产专项方案计划 ··················· 67
9.7　应急预案及事故、事件报告程序 ······ 67

第 10 章　工期管理的预、结算保障 ·········· 68
10.1　综合体工程一般的合同付款条件 ····· 68
10.2　合约管理 ··································· 69
10.3　商务成本管理 ····························· 69
10.4　总包结算 ··································· 70
10.5　分包结算 ··································· 70

第 11 章　工期管理与室外总体 ·············· 72
11.1　尽早介入施工 ·············· 72
11.2　见缝插针进行施工 ·············· 72
11.3　避开障碍绕道施工 ·············· 72
11.4　增加作业面全方位施工 ·············· 72
11.5　特殊情况特殊对待 ·············· 72
11.6　成品保护与疏通排查 ·············· 73

第 12 章　工期的进度协调与现场管理 ·············· 74
12.1　现场管理的基本原则 ·············· 74
12.2　现场总平面管理 ·············· 74
12.3　进、出场管理 ·············· 75
12.4　现场协调管理 ·············· 75
12.5　生活区管理 ·············· 75
12.6　现场文明施工 ·············· 76
12.7　绿色施工 ·············· 76

第 13 章　项目收尾与交付管理 ·············· 78
13.1　收尾计划 ·············· 78
13.2　安装收尾 ·············· 79
13.3　工程档案及时整理 ·············· 79
13.4　交验管理 ·············· 79
13.5　交付与维修 ·············· 80
13.6　回访与保修 ·············· 80
附：工程项目业主满意度调查 ·············· 81

第 14 章　工程实例 ·············· 83
14.1　济南某商业广场工期管理 ·············· 83
14.2　石家庄某项目工期管理 ·············· 138
14.3　天津某广场工期管理 ·············· 147

第1章 概 述

城市综合体建设项目是从 20 世纪末开始兴起的城市建设模式,其典型代表是商业地产投资开发的城市综合体,目前已被称为第四代城市综合体的建设项目。

1.1 城市综合体建设项目的创新

城市综合体建设项目是现代城市开发建设的新模式,无论在项目定义、建设理念和实施方式方面都进行了实践创新。

1.1.1 项目定义创新

传统建设项目是以单一功能用途为主导、辅以必要的辅助配套设施为项目总体构成的建设模式。例如,工业项目以其生产性建设为主,辅以必要的生活服务配套设施;民用建设以居住工程为主,辅以必要的生活服务配套设施等。

城市综合体建设项目的定义,突破了传统建设项目构建格局,集商业综合体、超五星级酒店、5A 级写字楼、销售住宅楼、回迁住宅楼、学校、幼儿园以及城市综合体市政管网、绿化景观、广场道路等工程为一体,构成城市综合性开发项目,体现了建设项目定义的创新。

1.1.2 建设理念创新

城市综合体开发项目的建设理念,充分体现了现代城市快节奏生活和工作的要求,把城市功能的基本元素有机地融合于建设项目之中,体现了以人为本和城市让生活更美好的建设情怀。

1.1.3 实施模式创新

城市综合体开发项目的实施,投资方基于建设投资规模巨大、缩短建设周期、加快建设成本回收,以及保证工程质量的需要,采用建设项目总承包模式实施工程建设。总承包模式虽有利于选择技术与管理先进、实力雄厚的承包商,但不利于引入竞争机制。而且由于项目构成的多样性,规划与设计要求高;以及项目的设备设施系统专业化现代化程度高等,业主需要分别委托设计和专业施工安装。因此,这种建设项目总承包模式,实际上演化为"建设施工总承包+业主方建设管理总承包"的新型总承包模式。这种总承包模式主要有以下特点:

(1)施工总承包范围广,有利于充分发挥总承包企业的建设与管理综合优势,全过程全面施工管理由总承包方内部协调,业主投入的精力少。

（2）总承包单位不承担设计任务，但需要协调设计与施工的衔接。

（3）总承包单位代行业主的项目建设管理职能，但不同于建设项目代建制。

1.2 城市综合体项目特点与风险

1.2.1 建设项目特点

1. 项目规模大

工程一次性开工面积一般在20～50万 m^2 群体工程，最大可达183万 m^2（单体塔楼数量为10～45栋）。有的独立基坑宽度在120～150m，长度一般在300～500m；大商业体一般为地下2层、地上3～5层，单层面积在4～6万 m^2；大商业体上部分布3～5栋25～44层5A写字楼或超五星级酒店（甲方称为"蜡烛"）；住宅沿街与商业两侧（商业金街）均为商铺（销售物业）；住宅车库顶为景观绿化；大商业、酒店装饰为大幕墙和石材，金街四周为石材铺装。

表1-1为部分较有代表性的城市综合体项目，从中可见项目投资的规模及建设工期要求。

2. 工程结构复杂

结构形式多为框架、框架-核心筒、框架-剪力墙结构。地下室为地下两层（住宅一层），大部分存在人防结构。地下室层高一般为5～6.9m，柱间距一般为8～12m；裙楼层高一般为4.5～6.6m，塔楼层高3～3.9m，车库顶板多为覆土屋面。

工程地基承载形式主要分为桩基础或自然承载两种形式。基础主要为筏板基础（塔楼）或独立承台基础（裙楼及车库）。地下室及裙楼主要为框架结构，塔楼为框架-核心筒结构或框架-剪力墙结构；个别结构存在大跨度预应力梁或屋面网架。

3. 设备系统齐全

商业工程内的安装工程有消防箱系统、消防喷淋系统、烟感报警系统、空调通风系统、强弱电系统、给水排水及智能化系统。

住宅工程有南北区差异，北方安装工程有消防箱系统、暖气系统、强弱电系统、给水排水系统等，南方无暖气系统。

4. 建设工期紧

此类项目从交地开始到商业、酒店开业、住宅入住总工期一般为20～22个月，"工期至上"一切为工期让路，已成为大多数类似项目的主要特征。业主为满足项目销售的时间节点要求，经常会提出变更合同工期要求，从而导致关键项目工期控制主线的变化，需要重新设置关键节点工期目标。

初步统计，综合体项目的综合工期比其他开发商同类工程的工期要缩短30%～50%。并且由于工程地处城市中心区域，周围环境复杂，场地狭小，给施工增加难度。为了实现业主要求的工期目标，承包单位必须加大劳动力、设备及相关周转材料的投入进行抢工，经常出现人海战术和加班加点的不经济施工方式，增加了总承包单位的运转负担。

5. 分包企业多

综合体项目中存在着大量的业主指定分包（甲指分包）、业主独立发包（总承包合同中则称作"独立分包"）和甲方指定材料供应的情况。项目甲指分包和甲方独立发包数量多达60～100家（包括小业主）。

在调研中发现，在项目后期往往还会出现业主在临近开业日期时，将已经分包的工程（一般是分包单位不愿意干的或干不完的工程）又压给总承包单位施工的现象，造成很大的被动（表1-1）。

部分较有代表性的城市综合体项目一览表　　　表1-1

序号	项目名称	合同额（亿元）	规模（万m²）	合同工期	目前进度
1	南京某广场	4.6	23	2008.04.27～2010.09.28	交付使用
2	沈阳某广场	7.1	67	2008.08.23—2011.06.30	交付使用
3	天津某广场	14	54.8	2009.05.01～2010.12.30	交付使用
4	三亚某大酒店	2.15	9.0	2009.08.01～2010.08.07	交付使用
5	济南某广场	7.5	37	2009.06.18～2011.06.15	交付使用
6	长白山市政、桥梁工程	2.57	16.3km	2009.10.05～2012.08.31	主干道施工
7	南京某公寓区	7.10	31	2009.12.31～2010.11.25	交付使用
8	石家庄某广场	25.5	183	2010.03.28～2012.09.20	剩余7栋进行装修工程施工
9	长白山房建项目	0.6	4.5	2010.06.24～2011.06.30	竣工验收
10	沈阳某广场	7.1	30	2010.06.30～2012.08.31	主体施工
11	泰州某综合体	10.0	42.7	2010.07.15～2011.10.10	交付使用
12	南京某商务区	8.71	40	2010.10.15～2012.10.18	主体施工
13	青岛某广场	15.3	63	2010.10.20～2012.07.13	主体施工
14	武汉某综合体	13	50	2010.11.30～2012.12.01	主体施工
15	成都某广场	21.32	110.23	2010.12.25～2013.05.10	主体施工
16	芜湖某广场	7.8	31.35	2011.04.15～2012.11.05	主体施工
17	抚顺某广场	23	91.3	2011.06.01～2013.09.30	主体施工
18	天津某中心工程	9.5	35	2011.07.10～2013.10.30	主体施工
19	番禺某广场	14.0	45.8	2011.08.01～2013.06.01	主体施工
20	沈阳某广场	16.34	55	2011.09.20～2014.07.30	主体施工
21	徐州某广场	13	47.54	2012.02.10～2014.02.18	土方开挖

1.2.2 总承包方风险

1. 技术风险

由于业主一方面要求缩短项目开发周期，一方面又无法及时完成拆迁，致使大量程存在不能及时开工及建设手续不完备的情况。

由于设计变更量大致使图纸供应不及时,造成了"三边工程(边设计、边施工、边修改)",因此在施工中存在大量的方案变更、技术变更情况。

2. 合同风险

所有项目的总承包合同均采用公司制定的合同范本(制式合同)。在"合同工程范围"条款中都有"本项目范围内的工程,均包括在承包商的范围内,包括但不仅限于承包商施工的工程、总承包管理、暂定工程、指定分包、独立分包施工的工程等。承包商需对上述范围内的工程质量、进度、安全等方面承担全部责任"的规定。这种(施工总承包＋业主项目管理)业主掌控主动权,实际上是将质量、进度、安全的所有民事责任等绝大部分风险需要由总承包企业承担。所以合同风险凸显,应该高度关注合同风险。

3. 财务风险

城市综合体项目工程资金融资情况普遍,额度较大;项目实施过程工程变更频繁。但业主通常对项目公司的财务控制要求严格,给予项目公司的权限较小,审批流程极为复杂。

由于综合体项目按节点付款且付款比例较低,前期资金垫付总量大,造成贷款利息多,财务成本较高。

虽然业主强调项目工期管理,但通常由于项目管理部受签证授权及签证流程的制约,绝大部分签证在未能确认的情况下,现场必须先行施工,造成极大的成本风险。而且,业主将抢工措施费与工期节点挂钩,如没有达到业主压缩的合同工期要求,其抢工措施费很难予以确认,这给施工单位也造成了较大风险。

由于在项目运行过程中工程管理部门与成本管理部门通常按照各自的流程操作,对于特定情况的流程要求不一致,致使施工期间形成的签证工程量在工程管理部门确认后成本部门不认可。特别是对于那些因抢工需要,事前未能立即签证的费用,事后补签时成本部门往往不予认可。

以济南某项目为例,业主对承包人工程进度款的结算申请、签证的办理程序非常复杂,一般需要经过15人以上签字。工程款从申报到转账约需要20天左右的时间。在签证金额方面,项目公司副总经理的权限仅为2万元,总经理的权限仅为10万元,超过职权数额的费用必须报业主总部审核,这一现象大大增加了总承包方的项目成本风险和效益损失。

4. 管理风险

城市综合体项目的施工总承包合同,实际上构成"施工总承包＋业主项目管理"为合同标的的特殊总承包合同。合同的工程范围包括:总承包施工的工程、总承包管理、暂定工程,以及业主指定供应、指定分包、独立分包施工工程的照管等。总承包商需要对上述范围内的工程质量、进度、安全等方面承担全部责任。总承包单位要按照合同规定和业主要求,全面地组织与管理这些任务的实施,带有极大的挑战性和管理风险。

(1)总承包施工的工程

1)土方工程、基坑支护工程、降水工程、桩基工程;

2)地下室结构工程;

3)主体结构工程;

4) 室内粗装饰工程；

5) 外装饰工程（面砖、涂料部分）；

6) 常规水电工程；

7) 红线范围内室外雨、污水工程。

(2) 总承包管理

1) 建造及提供公用的临时场地和设施给各指定分包、独立分包使用；

2) 管理、配合、协调指定分包、指定供应商、独立分包的工作，并负责办理竣工验收；

3) 总承包单位协助业主办理施工许可证、质检、安检、竣工备案以及与本项目有关的其他政府手续。

(3) 指定分包施工的工程

钢结构制作及安装工程、室内精装饰工程、防水工程、弱电工程、消防工程、通风空调工程、幕墙工程、外泛光照明工程。

(4) 独立分包施工的工程

市政、热力、燃气、电信、电力等公共事业工程、园林景观工程。此外，酒店公司、商管公司及其所管辖的100余家小业主在后期进入施工现场。

(5) 甲定甲供材和设备

1) 业主供材并负责安装部分

铝合金（或塑钢）门窗、防火门、防火卷帘、防盗卷帘、入户门、人防工程门及检修门、阳台栏杆、虹吸雨排、电梯、锅炉、LED显示屏、柴油发电机等。

2) 业主供材部分

外墙砖、外墙涂料、乳胶漆、空调主机、复合风管、空调末端、风机、冷却塔、水泵、主要阀门、卫生洁具、应急电源、动力及照明配电箱、消防报警设备、散热器、封闭母线、电缆、人造石、变压器、断路器等。

(6) 甲定乙供材料、设备（品牌、价格）由承包商确定的部分

1) 土建部分：楼梯防滑条、室外铸铁格栅盖板、屋面及外墙保温材料、防腐材料等；

2) 给水排水部分：管材及管件、保温材料等；

3) 电气部分：桥架、灯具、开关、插座、管材及管件、电视电话箱等。

1.3 对工程的影响分析

城市综合体项目承发包模式的特点，对承包方施工进度、安全生产、工程质量、成本效益都有很大的影响。

1.3.1 对施工安全的影响

由于工期紧，采用人海战术，进场劳务及专业队伍多，劳动力变动频繁，抢工时期就不可避免地会出现大量工序非常规交叉的施工现象。由此带来现场施工和一次性周转

料具同步投入增加，使得施工过程安全防护的难度加大，工程存在安全隐患。

由于开工时行政手续尚不完备，一旦在行政手续办出之前发生施工质量或安全事故，将对承包企业造成极大的被动和很坏的社会影响。

1.3.2 对工程质量的影响

由于施工图纸提交滞后，承包方审核时间短，方案论证及技术准备时间仓促，现场施工管理人员对图纸的了解深度不够，存在技术质量隐患。

频繁的赶工，往往使工序之间合理的工艺间歇时间几乎为零，对保证工程质量产生影响。

施工后期进场装修的"小业主"多，有的项目可达100多家。这些装修队伍由"小业主"发包，素质良莠不齐，装修过程对先前施工成品的保护及装修施工质量方面都可能产生不利影响。

1.3.3 对工程成本的影响

城市综合体项目的大商业建筑多是3～5层，且单层面积大，一般达4～6万 m^2。施工技术要求高（高支模、钢结构等），周转材料和施工模具的一次性投入数量大，摊销次数少，以及相应的倒运费及损耗增加导致施工成本增加。为保工期，抢工及交叉施工时材料浪费也较为严重。特别是为了实现工期目标而赶工，造成短期内要组织大量的操作工人进场突击（在节假日及夜间也要正常施工），使赶工费用大大提高。

在施工现场临时设施配置方面，总承包单位必须按照业主规定的质量要求，如对临建的防火、施工人员的住宿条件等要求，这也造成了总承包商相关投入的增加。

由于项目的特殊性，项目管理费用和临时设施费用分摊较低，特别是塔吊、外用电梯等设备租用期短，这都对项目成本产生影响。

总承包管理费不足也是影响工程成本的主要因素之一。通常在综合体项目中，业主指定分包单位较多，队伍素质参差不齐，总承包单位有责无权，管理难度非常大。例如，施工水电费、分包履约保证金等费用的收取十分困难。另外，根据合同约束总承包服务费含于措施费中，属于包干价，无论实际分包价是多少，在今后的施工期间均不予调整。据调查，工程的甲指分包金额往往会高于投标的金额，致使总承包管理的实际成本增加。

1.4 城市综合体项目总承包的意义

风险与机遇同在，这是当今企业生产经营的客观规律。城市综合体建设项目对于工程总承包企业而言，虽然极具挑战性、风险和压力，但实践证明其对于大型建筑企业能带来非常有利的发展机遇，也能充分发挥大型建筑企业的技术和管理综合优势。尽管这类工程有许多难点和风险，只要勇于面对、用心经营、科学管理，最终获得项目成功仍然是可能的，对企业、行业和社会作出贡献，具有现实而长远的意义。

1.4.1 适应市场需求升级的挑战

业主是工程建设的原动力，城市综合体建设项目的出现，反映了随着社会经济的发展、科学技术的进步、城市化的发展和人们需求观念的变化，现代建筑企业作为建筑产品的生产者与经营者，越来越面临着市场需求升级的巨大挑战。在剧烈竞争的市场环境中，业主和承包商在双向选择中，业主总是处于有利甚至强势的地位。承包商只有不断打造自己的技术和管理实力，才有可能在竞争中发展自己。

建筑业是个传统的行业概念。在经济全球化、信息化和知识经济蓬勃发展的新历史发展时期，建筑企业从事的工程建设已不再是传统的、单一的建筑土木工程产品的生产，而是建筑产品和诸多新技术产品应用于工程实体中的现代建设工程的集成化大生产。这种大生产模式的运行，同时又具备建筑产品生产的最基本特点，即在特定的空间位置和时间序列中进行生产流程设计、资源配置和系统的组织管理。这一任务只有具备总承包能力的建筑企业才能胜任。因此，这种挑战将促使建筑企业全方位培育自己的总承包能力：

(1) 建筑施工高新技术和机电设备安装施工能力；
(2) 承担或参与设计优化以及对设计与施工的协调能力；
(3) 建设项目管理全面组织、指挥与协调、沟通能力；
(4) 项目资源优化配置与动态管理能力；
(5) 项目群施工进度统筹规划与总工期控制能力；
(6) 施工安全、质量控制与环境管理能力；
(7) 项目经济运行、成本与效益管理能力；
(8) 项目合同管理与风险管理能力；
(9) 项目管理信息化、数据化能力等。

1.4.2 搭建工程总承包的新平台

住房和城乡建设部在历经20多年建设管理体制改革，全面推行建设项目业主责任制、工程招标承包制、建设工程项目管理和监理制的基础上，颁布了《关于培育和发展工程总承包企业的指导意见》（建市字2003年30号文件）。指出工程总承包是指总承包企业受业主委托，对建设工程实施的全过程或若干阶段的工作进行承包，并就工程质量、进度、安全等目标对业主全面负责。

住房和城乡建设部的指导意见，强调的是建筑企业生产经营的功能，由原先的工程施工承包，向两端延伸，包括工程勘察设计、采购、施工安装、试运行等全过程各个阶段，进行建筑产品产业链的集成或整合。实质上这种产业链的整合，只有在到达一定的深度和广度时，才会将企业的经营力提升到一个新的高度。包括国外的"设计—采购—施工"总承包（EPC）、"设计—建造"总承包（D—B）模式，对于一般的规模小、技术含量不高的工程项目，许多建筑企业特别是大中型建筑企业，生产技术和管理经验积累到一定程度，都是有可能达到这种总承包能力的。因此，住房和城乡建设部指导意见的深层意义在于培育和发展具有与国际一流承包商在竞争能力上可以相抗衡的总承包企业，把我国整个建筑业做强做大。

因此，一般的大中型建设工程项目，虽能为建筑企业提供总承包能力培育和发展的平台，但毕竟是传统意义上的工程总承包，是一般生产价值链的整合与延伸。而这类城市综合体建设项目总承包，可以说是一种特大型建设项目施工总承包与业主方建设管理职能相叠加的总承包新模式，为建筑企业工程总承包能力的培育和提升，提供更广阔更有高度的实践平台。并且利用这一平台，还有利于大型建筑企业与具备强大资本运作能力的大发展商、大开发商之间，逐步建立起互信互利的联盟伙伴合作关系，甚至构建合伙走出国门到海外投资进行城市综合体建设的发展战略。

1.4.3 打造群体工程项目管理品牌

城市综合体建设项目是我国城市化过程，城市旧区改造和新城区建设发展的一条新路，从建筑产品的视觉看，它是满足现代城市生产生活需求，综合功能配套较为完善的群体建筑工程项目。

群体建筑工程项目的整体总承包对建筑企业而言，固然能大幅度增加营业额，但在业主对工期要求和进度考核相当苛刻的情况下，要能获得项目成功，全面实现企业预期的工程质量、施工安全、成本效益目标，需要经过艰苦不懈的努力才能达到。在这个过程中承包企业将通过成功经验和挫折教训，使总承包项目管理水平提升到一个新的高度，打造出大型群体建筑工程总承包项目管理品牌，培育和锻炼出一支适应高难度项目管理的团队。这种品牌的项目管理团队将成为企业的无形资产，并且持续地发挥着企业在国内外建筑市场中的核心竞争力作用。

第 2 章　项目组织与施工部署

项目组织是实现任务目标的最重要保证因素。城市综合体总承包项目的工期管理和其他管理目标一样需要依托健全的项目管理组织体制与机制的支撑。工程中标后，公司应尽快组建总承包项目部和配置项目管理人员，为项目的开工准备和施工部署创造组织条件。

2.1　项目组织

项目组织是项目实施的前提。大型、特大型城市综合体项目具有工期紧、体量大、投入大、群体多等特点，必须建立总承包管理组织体系，由总承包项目部负责整个工程建设的总承包管理的组织与协调。

2.1.1　总承包部组织机构

根据城市综合体项目特点和管理要求，应在总承包合同签订 20 天内，由公司人力资源部参照总承包组织机构图组建总承包管理组织机构。设立总承包项目部负责整个工程的总体部署和总承包管理，总承包项目部一般设八部一室：工程管理部、技术质量部、安全环境部、机电安装部、商务合约部、物资设备部、深化设计部、综合办公室和总平面管理部（50 万 m^2 以上要增设平面管理部）。各个业务部门由生产经理、总工、商务经理、安装经理分别管理并履行总承包管理职责。

在这个组织架构中需要说明的是机电安装部门和区段项目经理部。前者属于专业条线管理，即该部门负责整个城市综合体建设项目及其各子项目工程范围内所有上下水工程、强电弱电工程、通风空调工程等机电设备安装的施工与管理。后者，即区段项目经理部承担子建设项目管理，属分块项目管理。两者共同形成在其他职能部门支撑下的条块结合、交叉衔接、以块为主、专业穿插的系统运作方式。

总承包组织机构如图 2-1 和图 2-2 所示。

总承包部各部门的职能分工如下：

（1）机电安装部：包括通风空调、给水排水、电气设备及智能化等专业施工与管理；

（2）技术质量部：包括技术管理、文档管理、质量管理等；

（3）物资设备部：包括物资采购、设备租赁和材料采购；

（4）总平面管理部：劳务管理、总平面图管理、垂直运输、共用设施管理与调度；

（5）合约预算部：商务合约、法务管理、工程计量和预结算管理；

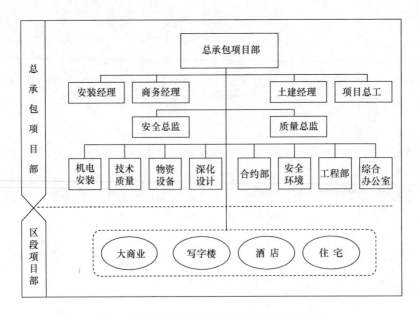

图 2-1 城市综合体项目总承包管理组织体系

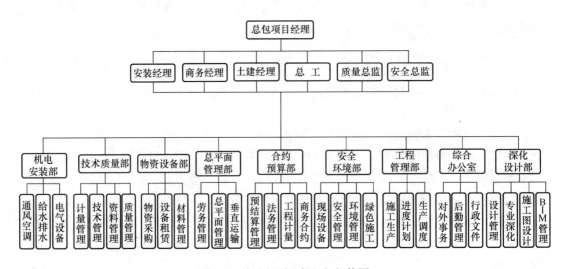

图 2-2 总承包项目部组织机构图

(6) 安全环境部：现场设备管理、安全管理、环境管理和绿色施工管理；

(7) 工程管理部：总进度计划及各专业施工进度计划管理、现场生产管理与调度；

(8) 深化设计部：各专业深化设计管理、设计进度与施工及 BIM 管理；

(9) 综合办公室：外部协调、对外事务、后勤管理、行政文件管理。

在总承包项目下按照城市综合体开发项目的工程构成，按工程类型或区段划分，设立若干区段项目经理部。一般划分为大商业、写字楼、宾馆酒店、住宅等区段项目经理部。经理部成员由区段项目经理、副经理、项目总工等组成区段项目管理小班子，具体管理业务由总承包部的各职能部门安排人员，实行区段项目矩阵式管理模式，如图 2-3 所示。

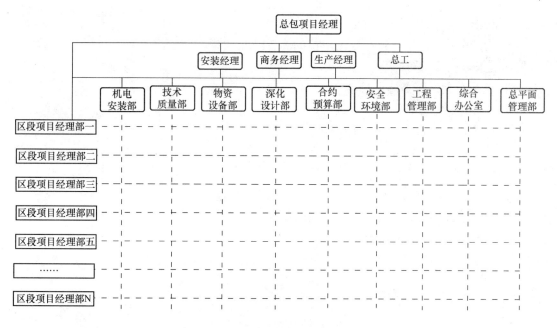

图 2-3 矩阵式管理模式

2.1.2 区段项目部设置

区段项目经理部作为总承包部的下属项目管理组织,按城市综合体项目分项工程类型划分为大商业、写字楼、宾馆酒店、住宅等工程。

(1) 在总承包管理层下,根据工程规模大小设置若干独立区段,每个独立区段设区段项目经理,管理模式采用矩阵式管理。区段项目经理对整个区段的进度、质量、安全、现场文明施工管理负责;区段的管理人员同时对区段经理及总承包管理部各部门负责人负责。

(2) 独立商业项目或独立住宅群体项目(30万 m^2 左右项目)可以设置一名生产副经理(负责土建和安装生产),根据区段划分设置若干区段长。30万 m^2 以上商业、酒店或写字楼的综合体,商业和住宅同时开工的综合体项目宜设置两名生产副经理(土建和安装)及区段长若干。

2.1.3 分包及劳务组织

1. 分包及劳务组织模式

实践表明,根据工程规模特征选择优质劳务队伍是特大型城市综合体项目工期管理的重要因素。一般拟采用包清工或扩大劳务分包等形式。不同施工部位的劳务队伍配置方式和数量,应符合工程特点及实际施工条件。

(1) 基坑降水宜采用独立分包模式,土方开挖单位不少于2家。

(2) 桩基施工应采用包清工模式,施工面积不宜超过1.5万 m^2,浇筑混凝土的总量不宜超过2万 m^3。

(3) 主体结构施工阶段,由于工程体量大,施工队伍的选择不宜少于3家且每个施工队伍的施工建筑面积不宜大于 10 万 m^2。

(4) 二次结构施工，每个施工单位的施工建筑面积不宜超过 5 万 m^2；住宅不超过 2 栋，宜采取包清工的劳务分包模式。

2. 优质分包及劳务选用标准

(1) 不熟悉的劳务分包不予选用；

(2) 没有实力的劳务分包不予选用；

(3) 有不良记录的劳务分包不予选用；

(4) 价格过低的劳务分包不予选用；

(5) 没有单独参加过 2 万 m^2 以上施工的劳务分包不予选用；

(6) 对工人和班组工程款支付不及时的劳务分包不予选用；

(7) 组织架构不完整，管理人员配备不齐全的劳务分包不予选用；

(8) 在施工过程中有肆意闹事或配合不力的劳务分包应及时清场。

2.1.4 专业施工经理部

室内、外水电安装工程，总承包部可设立专业工程施工管理机构，负责组织专业施工。此机构与土建工程区段之间，构成条块分工、交叉组织、协同施工的管理网络。

2.2 施工部署

大型综合体项目按照合同条件要求，在管理上兼有协调设计、照管业主、独立分包的义务。基于这个特点，总承包项目部必须兼顾业主项目管理的职能（这实际是施工总承包＋业主的项目管理），把业主指定分包、独立分包的施工内容全部纳入施工总体部署范畴，进行项目总体策划。

总承包项目部的部署，应按照先策划、后计划、再部署的基本程序进行，并在总承包合同签订后 20～30 天内完成项目总体策划。

2.2.1 项目策划

项目策划分两级：一级策划公司是责任主体；二级策划（项目实施计划）项目部是责任主体。

(1) 项目策划是由公司层面组织编制，项目经理参与而进行的项目管理策划。公司层面主管部门组织、相关业务部门（工程部、技术质量部、成本部、安全部、劳务部、物资设备采购部、资金管理部等）参与编制（项目经理必须亲自参加）形成《项目管理策划书》。此《项目管理策划书》应由公司生产副总负责批准实施，作为项目管理的纲领性文件发至各相关业务部门和项目部。使其成为公司支持、服务于项目，确保项目充分进行生产资料配置的依据。

(2) 项目策划主要内容

1) 主要内容包括项目的管理目标、经济指标、项目经理的授权、项目部组织模式、项目总进度计划、现金流计划、资金使用计划、分包管理、物资采购、主要技术（工程所涉及的施工组织设计和各专项施工方案)、安全方案策划、劳动力的投入、周转料具的投入、大型机械设备的投入、深化施工图设计、责任成本(盈利点、亏损点、风险点)、税收、保险、保函、临时设施、项目总平面布置及施工部署等,形成《项目管理策划书》。

2) 策划书经公司生产副总批准后,公司组织各部门向总承包项目部进行交底,并指导项目部编制二级策划《项目部实施计划书》。"公司服务于项目,项目服从于公司","两套班子一台戏,追求效益最大化",这是项目成功的保障。

(3) 项目策划要点

1) 以工期为主线进行全寿命周期策划;

2) 项目计划开、竣工时间及目标总工期的确定,并进行前瞻性分析;

3) 项目施工区段的划分、工程组成及其计划开、竣工时间;

4) 项目施工程序、主要施工过程的流向;

5) 施工全过程的阶段划分,以及各阶段工程形象进度的节点目标;

6) 施工优化设计、进度与施工总进度协调的要求和措施;

7) 总承包单位和各分包单位协同施工的程序、安排及协调方式;

8) 主体工程及二次结构工程,设备安装和装修工程等专业施工之间的交叉与衔接;

9) 施工主辅机械设备、设施及生产、生活大型临时设施的选型、配置、数量配置原则的确定;

10) 施工总平面图的布置原则和场地区域的基本划分方案;

11) 结合本项目特点需要策划的其他重要事项。

12) 现金流量计划;

13) 专业分包及劳务分包现场作业人员流量;

14) 周转料具的投入方案;

15) 项目盈利点、亏损点、风险点分析。

2.2.2 实施部署

(1) 根据《项目管理策划书》与总承包项目经理签订《项目管理目标责任书》。

(2) 项目部要站在总承包的高度、业主的角度统领全局,统筹部署、统一安排。根据《项目策划书》和《目标责任书》组织项目管理人员进一步深化和细化,编写完成《项目部实施计划书》。

1) 在开工之前,项目部对项目管理进行周密的策划,包括劳务队伍的选择、工期策划、项目现金流策划、施工组织设计、方案的确定,机械设备的准备、大宗材料的招标、图纸、技术资料的准备以及现场平面布置等策划。

2) 实施计划书应由总承包项目经理主持,项目总工程师、土建施工经理、设备安装经理等项目主要管理人员共同编制《项目部实施计划书》。《项目部实施计划书》按公司规定程序审批后作为项目部实施的操作性文件。

(3) 《项目部实施计划书》由总承包项目经理组织向所有管理人员进行全面交底,为项目全面有序的施工作业明确职责、任务和管理要求。

（4）实施重点部署，进行总体部署、平面布置、垂直运输、群塔布置及施工准备等工作。

表 2-1 和表 2-2 为几项已竣工综合体项目的总体部署情况，可供参考。

已竣工综合体项目平面布置一览表　　　　　表 2-1

工程名称	规模（万 m²）	平面布置（生产高峰期）			垂直运输（台）				
		设置交通出入口个数	办公区面积（m²）	生活区面积（m²）	群塔布置数量	自升式塔吊（型号/台数）	装配式塔吊	人货电梯	物料提升机
天津某广场	54.8	7	2700	18000	12	12（6015/6；7013/1；6516/2；5513/3）	3	28	7
石家庄某综合体	183	35	3300	22000	39	39（TC6015/15；TC5513/14；TC7035/10）	—	37	4
济南某广场	20	9	1000	6000	11	10（QTZ63/3；STT153/2；H25-14/5）	—	5	5
南京某综合体	30	5	800	9600	13	13（QTZ63/10；QTZ80/1；QTZ40/2）	2	17	2
泰州某广场	40.7	8	2000	22000	18	18（ST6015/6；ST5510/9；QTZ40/3）		12	3
沈阳某广场	67.3	9	1000	8000	18	18（6015/8；5515/10）	—	15	4

已竣工综合体项目管理人员及劳务配置一览表　　　　　表 2-2

工程名称	规模（万 m²）	高峰期劳务数量						平均单体人数（人）	项目部管理人员（人）
		土建队伍数（个）	人数（人）	安装队伍数（个）	人数（人）	装饰队伍数（个）	人数（人）		
天津某广场	54.8	7	3200	5	800	12	2700	470	65
石家庄某综合体	183	16	9600	15	860	35	4200	500	140
济南某广场	20	4	1500	3	800	10	500	200	56
南京某综合体	30	4	2600	2	550	2	400	250	55
泰州某广场	40.7	8	3900	5	580	35	2500	490	77
沈阳某广场	67.3	6	3800	3	700	8	1800	270	55

2.3 总平面布置

2.3.1 总平面布置要点

城市综合体项目红线内场地十分有限，各工序根据现场施工进度要及时穿插，并保持运输线路畅通，从而保证进出场材料流畅，满足各专业队伍正常施工，并且对现场平面管理进行动态控制。总平面布置一般可分为五个阶段：土方施工阶段、基础工程施工阶段、主体结构施工阶段、安装与装饰施工阶段、室外整体施工阶段。

（1）项目部办公区、生活区、施工区划分避免设置在结构施工范围内，尽可能布置在设计规划的室外广场区域，减少后期多次拆移。

（2）工人生活区根据现场情况采用就近租赁成品楼房或租赁场地搭设临舍的形式。现场搭设临舍不能影响施工区域、加工场地以及主要道路。

（3）道路布置应尽量形成环路。

（4）临时供电变压器位置要分散布置，尽可能采用箱式变压器、电容补偿柜等设备，这样可节省有功电流的损耗。高压进线一定要埋地，达到施工场地占用量最小化的目的。

（5）钢筋加工场地布置不能影响现场交通，根据施工现场情况可以采取钢筋全部外加工或部分外加工的形式。

（6）在项目周围租赁临时场地，可以作为材料备用场地和周转材料退场的中转场地。

（7）科学合理地设置现场出入口可以保证车流、物流、人流不交叉。尽可能地保证基坑周围形成环形道路，且与主要干道连接（至少要保证相邻出入口道路畅通），切忌进出只留一条道的情况。

（8）主体施工阶段地下室模板拆除、倒运或退料的同时要进行室外回填和地下室砌筑工程、机电安装工程、消防工程的施工。平面布置既要考虑施工的阶段性，也要考虑施工过程的连续性。

（9）施工道路及水电管网的布置。对现场的水源、电源及排水设施进行勘查、交接，并根据工程特点、现场实际情况和施工需要做好现场平面规划，按此进行现场临建的搭设和临时用水用电管线的布置。

2.3.2 垂直运输

垂直运输部署的重点是群塔布置、人货电梯的设置（应注意对其进行正常的使用和维修）。

（1）群塔部署要点。塔吊布置要全面覆盖，减少盲区。写字楼或酒店每栋必须独立配置1台，住宅楼采用钢模施工每栋1台，如采用木模施工，根据工期及单层建筑面积的情况可以2栋配置1台。材料运输尽可能地避免二次倒运，如需周转时，周转塔吊布置应避免使用塔楼的塔吊。

（2）塔吊选型应尽可能一致，且性能良好（3年内新塔）。宜采用成品标准节进行顶升，坚决不选用散件拼装，以此保障主体施工期间的正常使用。

（3）基坑内塔吊基础应采用格构柱形式，保证土方开挖前塔吊能够投入使用，这样既保证土方开挖的连续性也能保证下道工序的施工功效。

（4）施工电梯的布置、维修及使用。施工电梯必须在一层结构拆模后即开始安装，确保二层结构的施工。施工电梯最晚拆除时间应早于竣工前两个月，拆除后及时对电梯连接处进行修补。施工电梯拆除前应保证室内电梯至少有两部可以投入使用,确保楼内的垂直运输。

根据装饰工程量的大小及装饰时间的长短,可适当增加施工电梯的数量(酒店精装工程必须设置两部施工电梯),以保证装饰阶段的垂直运输。

室内施工电梯必须由项目部安排专人进行管理。管理人员必须每天提前统计电梯垂运量、做计划表,合理分配电梯的使用时间,充分发挥电梯的垂运功效。各单位运输材料,特别是大批量材料必须提前向项目部垂运管理人员申请,管理人员根据工程总体计划予以统筹安排。

(5) 外用吊篮的布置原则。外用吊篮必须在屋面工程施工后才能将吊篮搭设到屋面位置,裙楼位置由于外装工期紧,屋面工程来不及施工,可以提前在屋面搭设吊篮位置处先施工部分吊篮支座基础(高出屋面20cm左右的混凝土基础),以确保不影响屋面防水的施工。

(6) 施工区、段部署。每个施工区建筑总面积不宜超过10万 m^2,每个施工区至少配置一个劳务队。施工区划分必须结合塔吊布置方案,每个施工区的每个区段面积不宜超过$1200m^2$,每个施工区内施工段不宜超过6个,且施工区划分时必须考虑二次分区的可能。

第 3 章 项目施工准备

3.1 施工准备的指导思想

针对城市综合体项目"三边"工程隐患，总承包项目部应以工期为主线，使资源配置投入到位。要有前瞻性和预见性地考虑施工过程中的很多不确定性因素，做好全方位的施工准备工作，特别是对地质条件、工期安排、资金投入等因素进行前瞻性的分析与研究。施工中既要考虑施工的阶段性又要考虑施工过程的连续性，从而确保对资源配置进行合理的统筹安排。

3.2 施工条件的调查

(1) 熟悉本地区的人文环境、自然环境、市场环境。
(2) 联合业主收集周围地质环境和本场区内的原始资料。
(3) 收集周边同类工程的地质、水文等相关资料并进行分析。
(4) 收集本工程勘测单位或设计院的地质勘查资料。
(5) 了解和掌握本地区行业和地方政府相关政策、法律法规及标准要求。
(6) 及时了解业主的管控计划从而确定该项目的工期管控要点，掌握工程各阶段的工期目标，准备主要施工资源。
(7) 进行项目策划和编制《项目部实施计划》。

3.3 施工准备的内容

3.3.1 技术准备

(1) 根据综合体项目经常出现的项目图纸不到位或图纸变更量大（"三边"工程）、技术方案不及时、不合理，资源相对不足等特点，项目部技术管理人员要足额配置，项目总工要具备统筹全局的技术管理水平。独立配置土建、安装方案编制技术人员，专职技术管理人员应遵守每 10 万 m^2 配置 1 人的原则。
(2) 技术管理重点：参与各工序施工技术的设计优化及论证，确定合理（主要指工期）方案。
(3) 根据工程具体情况编制以下计划：
1) 技术文件准备计划；

2) 深化图准备计划；
3) 施工试验、检验计划；
4) 技术复核（工程预检）计划；
5) 工艺试验及现场检（试）验计划；
6) 关键部位控制及监测计划；
7) 工程技术资料收集计划。

3.3.2 资金准备

项目资金策划在城市综合体项目中显得尤其重要。此类项目按合同签订条款为融资施工，因此开工前项目部首先要组织编制项目资金流量计划表，找出资金最大需用量和最大资金缺口，作为项目部管控节点。资金准备也是公司对于项目支持的重点，如何运作整个项目资金，做到"开源、节流"，保证工程不受资金筹备的问题而影响进度，这是项目部面临的难题。

（1）选择实力雄厚且有一定融资能力的、与企业长期合作的优良资源（主要指劳务分包商、物资供货商、大型机械设备租赁商）。在项目资金运转困难的情况下，提前进行洽谈，获得分供方的理解与支持，转移风险，使风险因素降至最低。

（2）项目经理、分区经理应经常与业主进行沟通，尽可能地增加付款节点，提高付款比例，简化付款流程，加快付款速度。

（3）以节点付款为目标，有意识地安排现场施工生产，调整侧重方向，尽早实现每个施工节点工程款的回收。

（4）采取现金支票与承兑汇票相结合的付款形式，同时申请办理保理业务，来寻求解决项目资金缺口的新途径。

3.3.3 资源准备

根据工程的具体内容编制以下计划：
（1）劳动力配置计划；
（2）工程材料计划；
（3）周转材料配置计划；
（4）施工机具配置计划；
（5）测量器具配置计划。
具体资源准备可参见第5章相关资源配置表。

第 4 章　项目进度计划与工期管理

4.1　总进度计划的编制

根据综合体项目的特点和经验，总承包项目部要充分了解总承包合同内所要求的工期节点目标，同时掌握业主的管控计划，充分认识到项目开业或入伙这一最终目标是不可调整的要求，这一要求也就是要从交地到竣工的 20～22 个月总体目标不变。总承包单位要从思想上和认识上和业主保持高度的统一。

4.1.1　编制范围

总进度计划的编制必须涵盖业主、设计、各专业分包及独立分包的总体进度计划。结合人、材、料、物、机及资金等资源配置与进度计划同步编制。

4.1.2　编制原则

城市综合体项目必须有严密的计划管理体系，合理的工序穿插及精细化的技术管理和资源配置。

4.1.3　编制要求

工程所有的工序计划统一用 Project 软件进行五级网络进度计划的编制（即按总、年、季、月、周编制）。找出关键线路、合理进行工序穿插，整个工程应在 22 个月内完工。

4.1.4　编制要点

根据业主的合同要求，项目部必须有预见性和前瞻性地编制总进度计划，并进行总体部署和施工安排。

4.1.5　编制注意事项

（1）值得注意的是，城市综合体项目业主的销售计划和竣工计划至关重要，双方应达成共识，保持高度的统一。

（2）地下室封顶节点即业主的房产销售节点，主体封顶节点即业主办理贷款节点，而工程交付入伙即是销售物业小业主对银行还款节点。此三个节点直接关系到业主的资金回款，而业主的资金回款节点同时又是我方合同支付节点。

（3）总承包单位要结合业主的销售计划和竣工计划编制相应的总进度的控制计划。

4.1.6 专业穿插

总进度计划必须有严密的专业及工序穿插，精细化的技术准备和优化的资源配置与投入，这是公司对项目部最主要的资源保证。

4.2 里程碑节点控制性计划

4.2.1 总进度计划节点目标分解

结合在建工程和已竣工城市综合体项目的实际情况，本书归纳总结了城市综合体项目总进度计划的关键控制点（表 4-1），总承包项目部在此基础上必须编制里程碑节点计划。

综合体项目总进度计划控制点　　　　表 4-1

序号	××模块		总进度计划	
	项目	工期（内部考核）	项目	工期
1	交地—开工	30~60 天（1~2 个月）	施工准备	30~40 天
2	开工—土护降完成	45~100 天（1.5~3.5 个月）	支护	30 天
			工程桩	35~45 天
			土方	30~40 天
3	地下 2 层结构	60 天（2 个月）	地下 2 层结构	50~80（2~3 个月）
4	裙楼 5 层结构	60 天（2 个月）	裙楼 5 层结构	50~70（1.5~2.5 个月）
5	裙楼以上 30 层结构	150 天（5 个月）	裙楼以上 30 层结构	150 天（5 个月）
6	地下室砌筑及一次机电	60 天（2 个月）	地下室砌筑	60 天（2 个月）
			一次机电	60~180 天（2~6 个月）
7	裙楼砌筑及一次机电	75 天（2.5 个月）	裙房砌筑	50~80 天（2~3 个月）
			一次机电	50~180 天（2~6 个月）
8	精装修工程及二次机电	120 天（4 个月）	精装修工程及二次机电	120 天（4 个月）
9	外装饰工程	150 天（5 个月）	外装饰工程	90~150 天（3~5 个月）
10	商家进场装修—开业	60~120 天（2~4 个月）	商家进场装修—开业	60~120 天（2~4 个月）
11	室外总体	30~60 天	室外总体	30~60 天（1~2 个月）
12	总工期	交地后 20~22 个月		开工后 20~22 个月

说明：进度计划控制点，是结合项目管控计划和已竣工的六个城市综合体项目的实际工期计划总结归纳的。目前已竣工项目在 15~18 个月内完工的情况较多，但是为了减少工期成本，我们按照合理工期和合理的资源投入进行了调整。在调研的基础上也充分考虑过程的不确定性，确定按照 20~22 个月完工的计划是完全合理的。

4.2.2 里程碑节点控制计划的编制

(1) 大型综合体项目总承包项目部必须进行总进度计划目标分解，从而编制详细的项目工期策划。针对每一个地块首先编制出涵盖开工、正负零、主体封顶、二次结构、内外装、二次机电、景观市政、消防验收、竣工备案等 11 个里程碑节点的项目管控计划执行书，见表 4-2 所列。

(2) 组织专家对该执行书从人、材、机、法、环这五大方面进行可行性分析论证，最终经各参建单位会签确定这一指导性计划执行书，作为约束整个工程进展的纲领性文件。

(3) 节点计划执行，以"整体部署"为指导，认真编制月计划和周计划，合理配置劳动力和物资设备，交叉施工及协调管理。

1) 交叉施工管理的内容：包括标段之间的交叉管理；专业土建、安装与装饰之间的交叉协调；专业内部工序之间的交叉管理。

2) 装饰工程施工：外装饰部分按照由上而下原则进行，内装饰部分应以层分段施工。

3) 安装工程施工：以系统为段，紧随土建进度进行。

4) 室外工程：室外工程和绿化在装饰阶段及时插入，确保与室内工程同时交工。

(4) 各区段项目部组织编制项目细部节点计划执行书，内容涵盖了设计、施工、商务、物资、安全、财务等与工程相关的所有工作内容（即严格约定到某一时间节点哪项工作必须展开，哪项工作必须结束）。这既是对项目管控计划执行书的细化分解，又是指导我们施工生产每天具体工作的工作手册。

(5) 严格奖罚：项目部编制翔实有效的节点计划、管控计划和销项计划，并统编成册，总承包部、区段和各分包负责人签字作为"军令状"，人手一本，坚持每天一考核。节点计划是里程碑事件，管控计划是节点计划的执行书，销项计划是考核单，三个计划三管齐下，确保施工进度。

(6) 项目部每天对进度完成情况及施工任务进行总结分析，及时纠偏，采取有针对性的措施合理安排施工进度。这样极为有效的对工程进展的各个环节做到合理安排、统一部署。

城市综合体项目里程碑节点控制性计划　　　　表 4-2

序号	工序名称	插入主体楼层条件	提前进场情况	时长（天）	占工期比例
1	基础层到±0.00	土方完成后	提前 7 天进场	50	9%
2	±0.00 上非标准层	地下室封顶	及时插入	20	3.6%
3	标准层（3~26）	非标层完成	及时插入	96	17%
4	施工电梯安装	结构四层完成后	及时插入	15	3%
5	样板层	四层砌体完成后	尽早开始	75	13%
6	二次结构	12 层~封顶后期	提前 7 天进场	140	25%

续表

序号	工序名称	插入主体楼层条件	提前进场情况	时长（天）	占工期比例
7	屋面施工	屋面砌筑完成后，屋面拆模就砌筑	提前7天进场	50	9%
8	室外回填	地下室外架拆除后	及时插入	30	4%
9	给水	结构验收后	提前7天进场	72	13%
10	排水	结构验收后	提前7天进场	125	22%
11	强电	−2层~封顶后期	贯穿全程	450	80%
12	弱电	−2层~封顶后期	贯穿全程	354	63%
13	消防	结构验收后	地下室先施工	160	30%
14	空调	结构验收后	地下室先施工	160	30%
15	电梯	结构验收后	提前7天进场	120	22%
16	幕墙（外装）	外墙砌筑完成	龙骨焊接可在拆架前开始	265	47%
17	室内装修	结构验收后	提前样板施工	150	30%
18	人防	−2层~封顶后期	贯穿全程	270	48%
19	室外管网铺设	结构验收后分段施工	提前10天进场	78	14%
20	景观	大宗材料基本进场后	提前20天进场	103	18%
21	绿化		提前15天进场	103	18%
22	变配电室	电缆沟砌完后	电缆沟开砌时	90	16%
23	强电配电室	防火门安装后	提前7天	74	13%
24	消防报警阀室	地面施工后	提前7天	42	8%
25	消防水泵房	地面基层完成后	提前7天	57	10%
26	消防监控室	防火门安装后	提前7天	37	7%
27	水泵房水箱间	地面基层完成后	提前7天	38	7%
28	制冷机房	地面基层完成后	提前7天	80	14%
29	空调机房	地面基层完成后	提前7天	80	14%

4.3 各专业穿插计划的编制

鉴于城市综合体为大型群体工程，项目总体安排、各专业紧密穿插及整体施工顺序尤为重要。因此必须在确保工期的前提下减少各方面影响。

4.3.1 编制原则

做好工序的穿插，有条件的尽可能形成流水作业。在基坑挖土、护坡、打桩和地下室主体结构施工阶段,项目部可以采取先挖主体部位土方,后挖车库部位土方的方式,再分区段进行打桩、清土、验槽、地下室结构施工。这样实现了挖土、打桩、清土、垫层、防水、地下室结构流水作业,穿插及时。同样的在主体结构、二次结构、安装、装饰施工阶段,也可以采用分层及时穿插、流水作业的方法。这样有效地利用了现场空间,节约了大量时间,为保证工期奠定了基础。

4.3.2 各专业立体交叉插入点控制计划

据不完全统计,发现通过各专业紧密穿插,可以达到降低工期成本2%左右。因此,合理而紧密的工序穿插是降低成本、确保工期履约的前提,同时也是降本增效的措施之一。结合以往工程实例,本指南给出合理的专业及工序穿插与逻辑关系表(表4-3)。在施工主线上,必须完成紧前的工作,方可进行此项工作,以及与紧接其后的工作的紧密衔接,供项目管理人员在实践中参考。

各专业施工工序逻辑关系及施工穿插一览表　　　　表4-3

序号	紧前工序	施工主线	紧后工序	插入条件	时长(天)	备注
1		施工准备	降水支护桩		30	方案准备
2	方案确认	降水施工	土方开挖	拆迁后插入	20	
3	方案确认	支护桩施工	止水帷幕	拆迁后插入	25	
4	支护桩施工	止水帷幕施工	土方开挖	支护桩上强度	10	
5	降水、支护桩	土方开挖	支护施工	降水10天后	45	
6	土方开挖	支护施工	垫层施工	与挖土穿插	45	
7	支护施工	垫层施工	防水施工	挖一段即施工	5	结构开始
8	垫层施工	防水施工	保护层施工		5	
9	保护层施工	塔楼筏板结构	-2层结构		12	
10	筏板结构	塔楼-2层	-1层结构		15	
11	-2层结构	塔楼-1层	-1层结构		13	
12	车库防水及保护层	车库底板	-2层结构		10	
13	车库筏板	车库-2层	-1层结构		14	
14	-2层结构	车库-1层	车库防水		12	±0.00封顶
15	车库外墙拆模	地下外墙防水	防水保护层	后浇带封堵后	15	外墙断水
16	外墙防水保护	地下外墙回填	通道打通		15	车道打通
17	车库封顶(后浇带后做)	车库顶防水	防水保护	封顶后施工	6	
18	车库顶防水	车库顶防水保护	场地提供		6	场地提供
19	塔楼-1层	一层结构施工	二层结构		8	
20	一层结构	二层结构施工	三层结构		6	
21	二层结构	三层结构施工	四层结构		6	
22	下层结构	标准层施工	上层结构		5	
23	四层结构完成	施工电梯安装	二次结构		15	

续表

序号	紧前工序	施工主线	紧后工序	插入条件	时长（天）	备注
24	26层结构完成	屋面框架施工	屋面施工		8	主体封顶
25	车道打通后	地下室回填	回填区二次结构	车道打通后	25	
26	地下室清理	地下二次结构	地下室验收	清理后	45	
27	地下二次结构	地下室验收	地下安装、装饰施工	二次结构完成	5	基础验收
28	地下结构验收	地下垫层施工	环氧地坪		20	地下粗装开始
29	地下结构验收	地下安石粉施工	成品保护		50	
30	地下结构验收	地下照明施工	成品保护		65	
31	地下结构验收	地下室消防施工	成品保护		90	
32	地下结构验收	地下室空调施工	成品保护		90	
33	地下结构验收	地下室给水排水	提前使用		45	地下排水
34	地下室给水管完成	水泵房施工	正式送水		15	正式送水
35	空调风管完成	地下空调机房	成品保护		35	
36	空调水管完成	制冷机房施工	成品保护		35	
37	消防水电完成	报警阀室施工	成品保护		15	
38	地下结构验收	地下弱电施工	成品保护		30	
39	大宗材料上楼	地下前室精装	成品保护		45	地下精装
40	大宗材料上楼	地下室环氧地坪	停车划线		20	
41	环氧地坪完成	停车划线	标识导视		15	
42	停车划线	标识导视	成品保护		10	
43	施工电梯验收	地上二次结构	结构验收		105	先施工外墙及电梯井
44	地上二次结构	风井内风管安装	二次结构完成		15	
45	风井内风管完成	二次结构完善	主体验收		10	
46	二次结构完成	主体验收	地上安装、装饰施工		15	主体验收
47	屋面二次结构	屋面施工	装饰展开		35	屋面断水
48	结构验收完成	室内电梯安装	拆施工电梯		90	地上材料清场
49	外架拆完可推到屋面完成	塔吊拆除	塔吊洞封堵车库封闭		5	
50	外围二次结构完成到外窗安完成	外墙涂料	外墙封闭		85	
51	外围二次结构完成到外窗完成	外墙石材	外墙封闭		120	
52	外围二次结构	外墙窗安装	玻璃安装		35	
53	外窗安装完成	外墙玻璃安装	装饰展开		20	外墙断水
54	外装完成	泛光照明	泛光调试		25	泛光调试

续表

序号	紧前工序	施工主线	紧后工序	插入条件	时长（天）	备注
55	结构分段验收	空调机房基础	机房防水		15	
56	机房基础完成	空调机房防水	机房地面		8	
57	机房防水	空调机房地面	机房设备		10	
58	主体验收完成	管井立管安装	管井吊模		25	
59	管井立管安装	管井吊模	管井地面		6	
60	管井吊模	管井地面	管井腻子		10	
61	主体验收完成	强弱电二次预埋	粉刷石膏		20	
62		样板层施工	安装、装饰		30	样板验收
63	样板验收确定	消防环管安装	消防支管		35	安装开始
64	样板验收确定	空调环管安装	空调支管		35	安装开始
65	样板验收确定	桥架安装	配电箱安装		20	安装开始
66	样板验收	新风机组安装	风管安装		35	安装开始
67	样板验收确定	风管安装	机房安装		45	
68	空调风管安装	空调机房安装	空调调试		30	空调调试
69	环管施工完成	消防支管安装	吊顶龙骨		30	
70	样板验收确定	强电顶棚布管	吊顶龙骨		30	
71	样板验收确定	弱电顶棚布管	吊顶龙骨		30	
72	主体验收完成	粉刷石膏施工	腻子施工		45	装饰开始
73	粉刷完成	墙柱面腻子施工	吊顶龙骨		80	
74	样板验收确定	窗帘盒施工	吊顶龙骨		25	装饰开始
75	风电消防支管完成腻子找平，窗帘盒安装完成	吊顶主次龙骨	消防锥位		35	
76	主次龙骨完成	消防锥位施工	吊顶封板		45	
77	粉刷石膏完成	强弱电地面布管	地砖施工		15	
78	地面布管完成	地砖施工	成品保护		45	
79	室内梯启用后	施工电梯拆除	拉链封闭		5	拆施工电梯
80	腻子地砖完成，安装主次管	防火门安装	设备安装及穿电缆		3	
81	防火门安装完成	管井强弱电间楼梯间腻子施工	涂料施工		25	
82	防火门安装完成	强弱电间配电箱安装	电缆管线		15	
83	配电箱安装	强弱电间穿线	调试送电		30	楼上通电
84	防火门安装完成	空调机房吸声板	开关灯具		25	机房完成
85	腻子地砖完成，吊顶龙骨	办公室木门安装	开关、灯具、烟感报警、风口、窗帘盒安装		25	

续表

序号	紧前工序	施工主线	紧后工序	插入条件	时长（天）	备注
86	消防锥位完成	吊顶封板	装灯具、风口、烟感报警		25	
87	吊顶封板完成	灯具安装	灯具调试		15	电器调试
88	吊顶封板完成	烟感报警安装	消防调试		10	消防调试
89	吊顶封板完成	风口加固安装	通风调试		30	
90	木门安装完成	开关插座安装	通电调试		10	
91	木门安装完成	窗套施工	成品保护		35	
92	开关、插座安装完成	墙面涂料施工	成品保护		8	办公区完成
93	主体验收完成	卫生间隔断施工	卫生间防水		15	
94	隔断施工完成	卫生间防水施工	防水保护层		5	卫生间断水
95	防水保护层完成	卫生间墙地砖	吊顶施工		25	
96	墙地砖完成	卫生间吊顶施工	装灯具风机		5	
97	墙地砖吊顶完成	卫生间木门安装	装洁具		5	
98	木门安装完成	卫生间洁具安装	洁具调试		5	卫生间完成
99	粉刷石膏完成	走廊墙腻子施工	吊顶施工		20	
100	走廊腻子完成	走廊吊顶施工	吊顶腻子		45	
101	走廊吊顶完成	走廊顶腻子施工	走廊地砖		20	
102	走廊腻子完成	走廊地砖施工	装开关灯具		35	
103	地砖完成	走廊灯具插座	走廊涂料		8	
104	走廊开关插座	走廊涂料施工	成品保护		6	
105	电梯门安装完成	前室干挂石材	石材地面		25	
106	石材干挂完成	前室石材地面	成品保护		25	电梯前室完成
107	粉刷石膏完成	楼梯间腻子	走廊石材		30	
108	楼梯间腻子完成	楼梯间石材镶贴	楼梯扶手		15	
109	楼梯间石材完成	楼梯间扶手施工	陈品保护		8	
110	楼梯腻子完成	楼梯间灯具插座	楼梯间涂料		5	
111	灯具开关完成	楼梯间涂料	成品保护		4	楼梯间完成
112	电器安装送电	电器检测	消防检测		2	电检
113	避雷安装完成	避雷检测	消防检测		2	避雷检测
114	装饰完成	竣工清理	消防检测		15	消检
115	电检、避雷检测完成	消防检测	竣工验收		5	竣工验收
116	消防检测完成	竣工验收	竣工备案	消检完成	5	

4.3.3 各专业立体穿插控制点的设置与控制要求

（1）城市综合体项目一般从交地之日开始计算合同总工期，交地到开工管控计划为

1~2月。受拆迁、规划设计以及方案审批等不确定性因素影响，可控性不强，期间可以协助业主完成地质勘探、基坑翻槽、充分了解地下障碍物为桩基施工做好准备。

（2）实际开工时间和支护工程完成时间消耗了大量时间，在最终节点目标考核不变的前提下，结合主体施工开始时间，编制施工穿插计划，通过施工穿插计划计算主体结构计划的合理性，尽量在主体施工期间将时间"抢回"。

（3）独立基坑内单体多（5~10多个单体），有条件要同时开工。

（4）土方开挖与基坑支护的配合。确保支护质量的同时，加快支护进度，可采取增加人员机械、使用早强剂、减少工序间歇的方法。

（5）加工场、办公室、临时用水、用电及降水管线的布置必须考虑尽量减小对室外回填的影响。

（6）主体结构完成后立即进行基坑回填，车库部分外结构完成后立即拆模对外墙处理，并进行防水施工，防水施工后立即进行保护及回填；塔楼部分结构施工到三层时及时拆除地下室外墙脚手架，并进行防水施工，后浇带可提前进行临时砌筑封堵，以避免影响外墙防水及回填。

（7）结构施工到四层时必须安装施工电梯，以确保砌体工程尽快穿插进行，施工电梯附着不要固定到屋面上，可以考虑固定在梁上。

（8）砌体施工时，应先施工外墙、管井楼梯间部位墙体，砌体施工前必须要求空调消防单位进场，确定管道预留位置，避免后期开洞、补洞。

（9）电梯预留孔（呼叫孔）和圈梁位置必须准确定位，避免影响电梯施工及使用。

（10）电梯基坑施工时，基坑周围的剪力墙必须封闭、一次浇筑，且必须使用止水螺杆，避免后期电梯基坑渗水。

（11）结构封顶后尽快拆除屋面脚手架及模板，并开始屋面女儿墙及机房层砌体，应尽快进行屋面防水及保护层施工，保证屋面断水。

（12）砌筑施工时必须先砌筑外墙，外墙完成后即进行外窗施工，确保尽早外墙断水。

（13）结构验收完成后立即进行消防立管的安装，确保楼层消防及施工用水。

（14）外脚手架拆除完成后塔吊即可拆除，确保大型设备等已经运输到位（屋面砌体、设备基础及防水找坡防水保护层可用塔吊施工），塔吊拆除后立即对塔吊洞口进行封闭，确保地下室断水。

（15）汽车坡道等小型构件必须与结构同时施工，以确保车库封顶后1个半月内坡道通车，便于地下室材料外运、地下室装饰材料运输。

（16）施工通道尤为重要，尤其是贯通地下室，应先将地下室顶板通道打通。

（17）垂直运输是影响工程进度关键因素，必须关注垂直运输的合理安排。

（18）结构验收后立即展开正式电梯的安装，以为室外电梯拆除提供条件。

（19）地下室后浇带的浇筑，尤其是底板后浇带，必须清理干净，剔凿到位，将止水钢板剔凿出来（后浇带最后在浇筑完混凝土后立即进行清理覆盖）。

（20）后浇带施工结束后立即进行降水井的封堵，必须请专业人员按方案进行封堵。

（21）雨污水系统必须尽早施工，尤其是地下室污水系统，确保地下室干燥。

(22) 样板层施工计划必须在结构验收前完成,样板层在结构验收后立即展开。

(23) 管井内的风管应安装后再进行砌筑封堵,管道井内腻子施工完成后再进行管道安装,强弱电井内涂料施工完成后再进行配电箱的安装。

(24) 将业主拆迁、出图、变更等列入计划(过程控制、为索赔提供依据)。

4.3.4 关键工序控制点的设置与控制要求

(1) 土方开挖:应避开雨期。

(2) 室外回填:在外墙结构施工结束,三层挑架开始后。一般现场场地较狭窄,这时应注意前期策划时对加工区、临舍、水、电、降水管等因素的施工计划,不能使其影响回填。

(3) 车库顶板防水:在车库封顶后易先施工防水及保护层,对车库顶板进行"断水"(后浇带部位施工后立即封闭)。

(4) 地下室坡道通车:-1层结构拆模后立即打通,后浇带通车部位可以进行加固,并要求外侧回填提前进行。

(5) 室内回填:受坡道施工影响,影响二次结构施工。

(6) 屋面防水:屋面拆模后立即展开砌体施工,以最快速度达到防水施工条件,防水施工结束后再进行吊篮等设备安装。

(7) 外墙封闭:进入砌体施工阶段时应先集中力量进行外墙施工,为外装提供条件;外墙施工相关的脚手架内施工工序需要提前穿插,尤其是施工工序较长的石材、幕墙工程。

(8) 垂直运输机械:在基础开挖时应先开挖塔吊基础的部位;尽量在垫层施工时塔吊也已投入使用;塔吊可在内、外脚手架系统模板拆除完毕后拆除,但最晚应在屋面施工完成后拆除塔吊。

(9) 电梯施工:电梯井内砌体完成后,消防梯在主体验收后立即施工;施工电梯应在主体结构四层施工完后开始基础施工,这样主体结构四层拆模后施工电梯即可投入使用;施工电梯拆除前必须保证室内电梯最少还有两部可以使用,以满足垂直运输要求,但不宜晚于结构验收前60天,以确保电梯"拉链"处能按时封闭。

(10) 机电、消防、空调安装:应在结构标准层施工完成后即开始,尽快完成,便于墙体留洞及各机电单位提前穿插。

(11) 楼上上下水:消防箱系统管线应提前安装,可作为临时消防及临时用水使用;保证楼上雨水、污水系统尽早安装、投入施工,地下室排污系统的启动尤为关键。

(12) 临时照明:提前安装、调试楼道内、楼梯间的照明系统,保证其他施工的照明条件。

(13) 地下室模板拆除及外运:地下室前期垂直运输必须得到保证;地下室主要通道保持畅通,必要时多采用倒运车运输。

(14) 装饰:装饰方案的确定、分包队伍的选择和甲供材料、设备的供应往往是影响工期的几大要素。根据这种情况,总承包项目部与业主一起制定需业主自行完成的装饰方案、分包队伍选择、甲供材料、设备等方面的节点计划,并编入管控计划与销项计划，由总承包单位监督业主完成，双方真正实现了互相促进，从而保证了工期。

4.4 各阶段进度控制的重点

4.4.1 施工准备阶段

施工准备控制重点见表 4-4 所列。

施工准备控制重点一览表 表 4-4

序号	内容	工期	责任人	备注
1	组织项目机构，主要人员进场	1 周	公司有关领导项目经理	
2	现场综合考察与工程有关资料收集	1 周	项目有关人员	地理、交通、人文环境及地方要求
3	主要管理人员进行同类项目考察学习	1~3 周	项目经理	了解业主的企业文化与理念
4	项目总体策划	3~4 周	公司各部门及项目有关人员	项目组织与施工部署
5	施工部署与总平面布置	3~4 周	项目经理、项目总工	总平面、施工场地、垂直运输
6	主要劳务、物资设备选择及进场计划	1~3 周	公司有关领导、有关科室、项目经理及商务经理	工程部、技术部、物资设备部、劳务、资金部、成本部等
7	总施工组织设计的编制	4~6 周	项目经理、项目总工	公司技术部
8	搭设生活、生产临舍	3~5 周	项目经理、项目总工	现场或外租
9	现场临时给水、排水、临电系统及道路布置	2~4 周	项目总工	工程与技术部
	合计	1~1.5 个月		

4.4.2 基坑工程阶段

基坑（包含土方开挖、支护、桩基、降水）工程管控计划是 1.5~3.5 个月，实际施工时间需根据当地土质和实际情况确定（表 4-5）。

支护及土方工程控制重点一览表 表 4-5

序号	项目名称	工期
1	止水帷幕施工	20~30 天
2	支护桩施工	20~30 天
3	工程桩施工	40~55 天
4	桩锚或支撑	桩锚配合施工，支撑施工 15~25 天
5	土方开挖	30~45 天
	合计	2~4 个月

4.4.3 地下室结构阶段

地下室结构控制重点见表 4-6 所列。

地下室结构控制重点一览表　　　　　表 4-6

序号	项目名称	工期（天）
1	垫层	5~10 天
2	防水及保护层	5~10 天
3	筏板	12~20 天
4	—2 层	15~20 天
5	—1 层	13~20 天
	合计	50~80 天

4.4.4 标准层结构施工阶段

标准层结构施工阶段是抢工最有效的阶段，标准层结构施工安排不宜超过 5 天，可以通过分段施工流水作业的方式减少垂直运输及工序间歇对进度的影响（表 4-7）。

标准层结构施工控制重点一览表　　　　　表 4-7

部位	工期(d)	工序	计划		
			开始	工期（h）	完成
标准层结构	5	施工放线	第 1 天 6：00	4	第 1 天 10：00
		周转材料准备	第 1 天 6：00	36	第 2 天 18：00
		满堂架及底模	第 1 天 8：00	48	第 3 天 8：00
		钢筋材料准备	第 1 天 6：00	48	第 3 天 6：00
		梁钢筋绑扎	第 2 天 12：00	48	第 4 天 12：00
		板钢筋绑扎	第 4 天 12：00	40	第 5 天 16：00
		竖向模板及加固	第 3 天 12：00	48	第 5 天 12：00
		上层竖向钢筋	第 4 天 22：00	18	第 5 天 16：00
		混凝土浇筑	第 5 天 16：00	14	第 6 天 6：00

4.4.5 地下室二次结构及一次机电安装阶段

地下室拆模清理完后必须尽早开始地下二次结构施工，二次结构施工时机电安装单位必须配备专业技术人员配合墙体的预留洞等工作，地下室二次结构施工时间不宜超过 60 天。

4.4.6 裙房二次结构及一次机电阶段

在结构一层拆模后必须开始施工电梯的安装，确保二次结构的提前穿插。在二次结构施工时应先施工外围结构、管井、卫生间、楼梯间等部位，为外幕墙及水电安装等尽早穿插提供条件，屋面模板拆除后必须立即进行屋面二次结构的施工，以确保屋面防水在第一时间内施工完成。

4.4.7 精装修工程及二次机电阶段

（1）精装修工程大量展开前必须提前进行样板层的施工，确定机电安装综合管线排布图，同时确定装修效果图。样板层应确定在三层或四层的标准层。三层或四层二次结构施工完成后，立即展开施工。样板层施工完成后的排布图及效果图需经建设、设计、监理单位及各参建单位签字确认，作为后期装饰施工的指导及标准。

（2）精装工程尤其是木作业及吊顶涂料等大量展开前必须确保屋面断水（防水施工完毕），外墙封闭（外窗、玻璃安装完），所以屋面工程及外装工程必须尽早展开。

4.4.8 外装工程阶段

（1）在外围二次结构施工完成后，必须大面积展开外装工程的施工，尤其是对于工期紧张的综合体项目，可使用悬挑脚手架，保温涂料、石材、龙骨等易在脚手架内进行施工（施工时必须注意分段硬防护，避免交叉作业出现安全事故）。

（2）对于外窗尺寸根据图纸定制的工程，在外围二次结构施工时必须将窗洞口尺寸控制准确，避免后期剔凿、修补。

（3）室外施工电梯应在室内电梯安装完启用后立即拆除，但最晚拆除时间不能晚于交工验收前60天，以确保施工电梯拉链处外装及精装的收口。

4.4.9 室外总体计划阶段

室外总体一般分为大市政系统和小市政配套系统，配套系统主要有雨污水、电力、消防、弱电、煤气、热力、自来水等系统；主要工程有道路、景观绿化、泛光照明、广场铺装等。

（1）室外大市政配套系统来源于政府不同部门，规划设计要求业主提前介入，保证室外配套综合管线系统设计在主体结构施工阶段完成；确定各种管线进出接驳口，使室外各种配套系统（小市政）设计图纸完善到位，保证（管线敷设）及时穿插，为室外工程施工创造条件。

（2）根据现场平面设施布置情况，室外各种系统要进行分段穿插施工，施工时要突出雨水、污水、电力等影响工程调试等关键系统。

（3）按照室外工程最迟施工时间，对影响室外管线施工的塔吊、电梯、外墙架体必须按节点目标完成拆除，根据管线施工进度编制现场临时设施拆除计划，并及时清理现场。

（4）室外总体施工阶段要更加突出现场平面管理，及时协调各参建单位，合理确定材料进场时间和堆放区，保证进出口、道路畅通，组织维修班组维护及抢修临时水电，保证现场有序施工。

4.5 工期管理注意事项

(1) 建立基于供应链管理的工期管理,进行工期管理影响因素分析。

(2) 进度计划与资源配置投入同步进行

进度计划编制的同时要编制人、材、料、物、机等资源配置计划。

(3) 计划管理必须进行过程动态管理

首先确定关键线路,综合体项目体量大,水平、垂直各种专业、工序穿插多,各专业、各工序的实际进度要及时跟踪。

(4) 加强过程控制

现场及时进行总、季、月、周、日计划与实际计划完成情况的对比分析。找出计划偏差,及时分析现场影响因素和问题,采取措施,找出解决方案并尽快落实。

(5) 过程考核

由于城市综合体项目不但规模大、体量大,过程中不确定因素多,而且变化快,工作强度大,造成各级管理人员过程管理容易疏忽。因此总承包项目部要对项目各方、各级管理人员进行分级考核,一是要对计划编制的完整性进行考核;二是对计划执行情况跟踪考核;三是对现场影响进度的生产要素分析进行考核;四是对劳务队伍现场作业完成情况进行考核。宜采用考核奖罚制度,加强过程控制并严格考核兑现。

(6) 组织保障

项目部决策层、管理层人员素质、能力、体力以及个人的敬业精神必须满足工程需要,且项目部人员数量配置要高于常规项目部人员30%。具体保障措施见表4-8所列。

组织保障措施一览表 表4-8

序号	措施	具体内容
1	工期管理组织机构	(1) 成立以总承包经理部和各业主指定专业分包商及各劳务作业层组成的项目工期管理组织机构。 (2) 管理人员实行专区专人负责制度,设置多名区段经理分别带领区段内所有相关管理人员负责各作业区的工期管理、协调工作
2	分包模式	(1) 选择合理的分包模式,包清工或扩大劳务分包(如钢管、模板、木方由劳务队提供,大型机械和主材项目部提供)。 (2) 在选择专业分包商及劳务作业层时,根据不同的专业特点和施工要求,采取不同的合同模式,在合同中明确保证进度的具体要求
3	专题例会制度	(1) 项目部定期召开施工生产协调会议,会议由项目经理或区段经理主持,业主指定专业分包和劳务作业队主管生产的负责人参加。主要是检查计划的执行情况,提出存在的问题,分析原因,研究对策,采取措施。 (2) 项目部随时召集并提前下达会议通知单。业主指定专业分包和各作业单位必须派符合资格的人参加,参加者将代表其决策者。 (3) 工程进度分析,对比进度与实际情况,分析劳动力和机械设备的投入是否满足施工进度的要求,通过分析、总结经验、暴露问题、找出原因、制定措施,确保进度计划的顺利进行。 (4) 下达施工任务指令。根据工程总体进度要求,要求各单位必须在规定的时间内完成相应的施工任务。避免影响下道工序的施工造成坏的连锁反应

4.6 已完工程工期控制性计划实例

本指南提供四种类型的已竣工某综合体项目管控计划实例，分大商业、酒店、写字楼、住宅四部分，将开工时间拟订为2011年1月1日，春节假期按照20天进行编制。此计划充分考虑了各工序合理搭接的间歇时间和穿插节点，供管理人员参考。

4.6.1 大商业含写字楼（18个月完成）

大商业工程管控计划见表4-9所列。

大商业工程管控计划一览表　　　　表4-9

序号	任务名称	工期（天）	计划开始时间	计划结束时间
0	某综合体大商业管控计划	555	2010-12-31	2012-7-8
1	施工准备	65	2010-12-31	2011-3-5
2	春节假期1	20	2011-1-30	2011-2-18
3	土支护工程	75	2011-3-6	2011-5-19
4	地下结构	90	2011-5-20	2011-8-17
5	裙房五层结构	60	2011-8-18	2011-10-16
6	塔楼（20层）	100	2011-10-17	2012-1-24
7	裙房屋面构筑物	20	2011-10-17	2011-11-5
8	塔楼屋面构筑物	15	2012-1-25	2012-2-8
9	地下砌筑	70	2011-8-8	2011-10-16
10	裙房砌筑	80	2011-8-28	2011-11-15
11	塔楼砌筑	60	2012-1-10	2012-3-29
12	裙房屋面工程	60	2011-11-6	2012-1-4
13	塔楼屋面工程	45	2012-1-25	2012-3-29
14	商家精装	120	2011-12-1	2012-4-19
15	机电安装	240	2011-10-7	2012-6-1
16	消防工程	240	2011-10-7	2012-6-1
17	电梯安装	120	2011-11-23	2012-3-21
18	裙房外墙装饰	120	2011-9-2	2011-12-30
19	塔楼外墙装饰	140	2011-10-29	2012-3-16
20	春节假期2	20	2012-1-18	2012-2-6
21	室外工程	60	2012-2-16	2012-4-15
22	收尾工作	20	2012-6-2	2012-6-22
23	竣工验收	15	2012-6-23	2012-7-8

4.6.2 住宅工程计划（17个月完成）

住宅工程管控计划见表 4-10 所列。

住宅工程管控计划一览表　　　　表 4-10

序号	任务名称	工期（天）	计划	
			开始时间	结束时间
0	某综合体住宅管控计划	510	2010-12-31	2012-5-23
1	施工准备	1	2010-12-31	2010-12-31
2	地下结构	65	2010-12-31	2011-3-5
3	春节假期 1	20	2011-1-30	2011-2-18
4	商铺	30	2011-3-6	2011-4-4
5	塔楼（30层）	140	2011-4-5	2011-8-22
6	塔楼屋面构筑物	15	2011-8-23	2011-9-6
7	地下砌筑	70	2011-2-24	2011-5-4
8	塔楼砌筑	130	2011-5-25	2011-10-1
9	塔楼屋面工程	45	2011-9-7	2011-10-21
10	机电安装	210	2011-8-3	2012-2-28
11	门、窗安装	100	2011-8-3	2011-11-10
12	室内初装	130	2011-9-12	2012-1-19
13	春节假期 2	20	2012-1-18	2012-2-6
14	公共精装	120	2011-11-6	2012-3-4
15	楼梯间装饰	90	2011-10-2	2011-12-30
16	外墙装饰	135	2011-9-12	2012-1-24
17	电梯安装	90	2011-10-7	2012-1-4
18	施工电梯拆除收口	45	2012-1-5	2012-2-18
19	室外工程	30	2012-2-29	2012-3-29
20	水电配套接口	10	2012-3-30	2012-4-8
21	收尾及分户验收准备	30	2012-4-9	2012-5-8
22	竣工验收	15	2012-5-9	2012-5-23

4.6.3 酒店工程计划（17个月完成）

酒店工程管控计划见表 4-11 所列。

酒店工程管控计划一览表　　　　表 4-11

序号	任务名称	工期（天）	计划	
			开始时间	结束时间
0	某综合体酒店管控计划	523	2010-11-16	2012-4-8
1	施工准备	45	2010-11-16	2010-12-31
2	地下一层结构	62	2011-1-1	2011-3-3

续表

序号	任务名称	工期（天）	计划	
			开始时间	结束时间
3	二层商铺	27	2011-3-4	2011-3-30
4	塔楼26层	130	2011-3-31	2011-8-7
5	塔楼屋面构筑物及女儿墙	12	2011-8-8	2011-8-19
6	地下砌筑	40	2011-4-1	2011-5-10
7	塔楼砌筑	145	2011-5-11	2011-10-2
8	塔楼1~10层砌筑	55	2011-5-11	2011-7-4
9	塔楼11~20层砌筑	50	2011-7-5	2011-8-23
10	塔楼21~28层砌筑	40	2011-8-24	2011-10-2
11	塔楼屋面工程	30	2011-9-1	2011-9-30
12	机电安装	2	2011-6-11	2011-10-8
13	门窗安装	100	2011-6-11	2011-9-19
14	1~10层	20	2011-6-25	2011-7-14
15	11~20层	20	2011-8-15	2011-9-3
16	21~28层	20	2011-9-23	2011-10-12
17	室内初装	130	2011-10-8	2012-2-9
18	1~10层	50	2011-7-6	2011-8-24
19	11~20层	50	2011-8-25	2011-10-13
20	21~28层	40	2011-10-14	2011-11-22
21	公共精装	120	2011-9-15	2012-1-13
22	1~10层	50	2011-7-25	2011-9-12
23	11~20层	50	2011-9-13	2011-11-1
24	21~28层	40	2011-11-2	2011-12-11
25	楼梯间装饰	60	2011-10-5	2011-12-4
26	外墙装饰	135	2011-10-8	2012-2-20
27	1~10层	50	2011-7-10	2011-8-28
28	11~20层	50	2011-8-29	2011-10-17
29	21~28层	40	2011-10-18	2011-11-26
30	电梯安装	120	2011-8-25	2011-12-22
31	施工电梯拆除、收口	45	2011-11-23	2012-1-6
32	室外工程	87	2012-1-30	2012-4-25
33	水电配管接口	340	2011-4-16	2012-3-20
34	收尾及分户验收准备	94	2012-3-5	2012-6-7
35	竣工验收	1	2012-6-8	2012-6-8

4.6.4 写字楼（17个月完成）

写字楼工程管控计划见表4-12所列。

写字楼工程管控计划一览表　　表4-12

序号	任务名称	工期（天）	计划开始时间	计划结束时间
0	某综合体写字楼楼管控计划	525	2011-1-1	2012-6-9
1	土护工程施工	60	2011-1-1	2011-3-22
2	地下结构	50	2011-3-23	2011-5-12
3	春节假期1	20	2011-1-30	2011-2-18
4	1～3层非标准层	24	2011-5-13	2011-6-5
5	塔楼标准层（4～26层）	115	2011-6-6	2011-9-28
6	塔楼屋面构筑物	12	2011-9-29	2011-10-10
7	地下砌筑	70	2011-7-1	2011-9-8
8	地下结构验收	10	2011-9-18	2011-9-27
9	塔楼砌筑	108	2011-6-20	2011-10-5
10	主体验收	20	2011-10-10	2011-10-29
11	塔楼屋面工程	45	2011-10-25	2011-12-8
12	样板层施工	90	2011-7-10	2011-10-7
13	消防、空调、机电安装	190	2011-10-8	2012-5-4
14	门、窗安装	100	2011-9-15	2011-12-23
15	室内初装	50	2011-10-30	2011-12-18
16	春节假期2	20	2012-1-18	2012-2-7
17	精装修工程	120	2011-12-19	2012-5-6
18	楼梯间装饰	60	2012-2-8	2012-4-27
19	外墙装饰	155	2011-10-6	2012-3-28
20	电梯安装	90	2011-10-30	2012-2-16
21	施工电梯拆除收口	45	2012-2-17	2012-4-21
22	室外工程	70	2012-2-8	2012-4-17
23	水电配套接口	30	2012-2-8	2012-3-8
24	收尾及调试检测	20	2012-5-5	2012-5-25
25	竣工验收	15	2012-5-26	2012-6-9

第5章 项目施工资源配置

房屋建筑工程,尤其是大型城市综合体项目的资源配置是总承包项目部履约工作的重中之重,也是确保工期的前提。因此,项目部所有工作均要以工期为主线,有预见性和前瞻性地进行资源配置与统筹安排,确保各专业和各工序间及时搭接和按时完工。

5.1 资源配置的原则

5.1.1 根据总进度计划编制资源配置计划

总进度计划以工期为主线,进行施工生产安排和生产资料配置。

5.1.2 编制资源配置计划的目的

编制资源配置计划的目的是对资源的投入量、投入时间、投入步骤作出一个合理的安排,做到资源准备充足、进场时间得以保证,更好地满足施工项目实施的需要。

5.1.3 人、机、料配置

(1) 精算工程量、编制技术方案;
(2) 根据计划、工程量及技术难度配置现场劳动力;
(3) 合理确定劳务队伍承包范围;
(4) 落实机械、材料供应源和进场计划;
(5) 根据合同编制资金计划,严控现金流。

5.1.4 资源配置与供应

资源的供应按照施工所需要的各种资源,编制各种资源使用(投入)计划。公司各部门做好支持与服务,应有专人负责组织资源的来源,进行优化;并根据工程需求,阶段性地投入到施工项目中,使计划得以顺利实施、施工项目的需求得以保证。

5.1.5 资源配置保障

城市综合体项目的资源配置保障可以分为劳务保障、材料、设备保障。

1. 劳务保障

(1) 由于城市综合体工程一次性开工面积巨大,而且各工序穿插紧凑,这对劳动力的依赖程度非常高。例如石家庄某工程,其高峰期劳务分包及专业分包队伍达300多个,人数达到2.5万人,高峰期平均月施工人数保持在5000人左右,面对如此庞大的劳务群体，总承包项目部对劳务的管理应是重中之重。

（2）选择优质劳务队伍，优先选用有同等工程经验，最好在本地区或周边有 2~3 个在建工程，便于抢工阶段劳务人员抽调的队伍。

（3）优先选用不存在农忙（结合地域、季节等因素）的劳务队伍，减少农忙等特殊情况对工程的影响。

（4）总包项目部要准备一支人员不少于 200 人的抢工队伍（攻坚队）。对于拆模、垃圾清运等工作，分包上不去时，抢工队要随时做好补位准备。

2. 材料、设备保障

（1）周转材料

应同时选择几家交通便利的周转材料租赁公司作为储备，在周转材料出现问题时及时进行租赁调配，保证不耽误施工生产需求。

（2）钢筋的采购

由公司统一进行调配，选择融资能力大、信誉较好的长期合作的供应商，钢筋采购供应商的选择应不少于两家。

（3）混凝土的采购

在公司资源库内选择供应能力强、信誉好的混凝土搅拌站，且应根据综合体的体量选择多家供应商同时供应（不宜少于三家）。施工平稳状态下各供应商应分区供应，特殊条件下可打乱顺序，以保证混凝土的供应要求。

（4）塔吊的选择

在大型城市综合体项目中，如何选择塔吊是影响工程进度的关键因素，必须合理安排机械设备的配置。应选择性能接近的塔吊，塔身标准节的长度，塔吊的自由高度及扶墙间距，必须严格按方案进行，安装单位必须派人常驻现场，并配置现场机械维护班组和配备足够的维修人员，才能确保工期。

3. 业主供应的材料、设备等

城市综合体项目对工程工期影响较大的往往是业主供应的材料设备等，为避免因业主供材而延误工期的情况出现，必须提前协助业主超前编制准确的甲供材、设备计划，明确和细化进场时间、质量、标准等，并由专人负责监督和对接，确保不影响总体进度。

4. 资源的优化配置与合理使用

资源优化配置与合理使用应根据各种资源的特性，进行科学合理的动态配合与组合，协调投入，合理使用，不断地纠正偏差，以尽可能少的资源，满足项目的使用。

5. 资源使用核算及资源使用效果分析

进行资源投入、使用与产出的核算也是资源管理的一个重要环节。通过资源使用的核算及使用效果分析，可以使管理者心中有数，知道哪些资源该投入、使用以及是否恰当和需要调整。

6. 资金保障

（1）资金计划的编制

根据工期计划编制现金流计划和资金需求计划。

（2）企业层是项目资金保障的责任主体

（3）项目资金的融资手段

5.2 资源管理计划

项目的资源计划与项目实施方案、工期计划、成本计划互相制约、互相影响。由于工程项目所用资源种类多、数量多、供应过程复杂、限制条件多，所以资源计划必须包括所有资源的采购、供应、使用过程，建立完备的控制程序和责任体系。资源计划的编制要掌握大量的市场信息，以便多方进行对比分析。

5.2.1 资源计划的编制

（1）在工程设计和施工方案的基础上确定资源的种类、质量、用量。
（2）资源供应情况调查和询价。
（3）确定各种资源的约束条件，包括供应限制、用量限制等因素。
（4）在工期计划的基础上，确定资源使用计划，即资源投入量与时间关系表，确定每项资源的使用时间和地点。
（5）确定各项资源的供应方案、各个供应环节，并确定他们的时间安排。
（6）确定资源的运输、保存等保障体系。

5.2.2 资源计划的优化

（1）根据资源的优先级确定资源的重要程度，如数量大价值高的资源、获得过程较为复杂需提前定制加工的资源、供应情况直接影响到工程能否顺利进展的资源等条件，必须进行重点控制。
（2）资源的平衡及限制，通过合理的安排、在保证预订工期的前提下，使资源使用更为连续、均衡。
（3）资源在采购、运输、储存、使用上的技术经济分析，在保证目标完成的前提下，选择最合理或收益最大的方案。
（4）项目间的资源共享。公司对资源的利用可以在项目和项目间进行充分的协调调动。

5.2.3 物资管理计划

（1）依据项目施工进度安排编制物资招议标及采购进场计划。
由项目物资部依据施工总进度计划及物资需用总计划编制出物资采购招议标总计划，依照各施工工序节点提前15日拟制招议标文件，并组织物资采购招标工作。
（2）落实市场物资资源，制定物资采购策划方案。
结合图纸技术要求、预计物资需求量、现场实际情况及市场资源信息，制定物资采购策划方案，将物资供应商纳入项目部统一管理范畴，提前落实各物资市场资源情况，同大型物资供应商建立长期战略合作关系，充分利用物资供应商仓库场地资源，建立外围仓储资源体系，保证物资供应资源足量持续。

(3) 加强物资现场管理，制定物资供应方案。

鉴于综合体工程体量大，地下单层面积大，施工队伍数量相对较多，场地环境复杂，为保证物资供应及时有序，应加强物资的现场管理，合理规划场内料具加工及堆放的区域布局，保证场内环路畅通，制定合理的物资供应方案。尤其混凝土浇筑供应方面，为保证大体积混凝土施工时供应不出现任何问题，物资部和工程部共同编制混凝土浇筑方案，明确泵送机械数量及位置，统筹规划各泵送点混凝土罐车的配送方案。在混凝土浇筑施工前提前48小时与混凝土搅拌站进行方案交底，并要求搅拌站派两名专职调度人员24小时在现场及时解决混凝土浇筑施工过程中罐车配送的协调工作，保证大体积的混凝土浇筑的持续供应。通过详细的物资供应方案策划，在保证施工质量的同时提高施工效率，缩短施工工期。

5.3 主要施工定额（经验数据）参考值

根据已竣工项目的调研和统计，本指南总结了主要施工的经验数据，作为施工定额参考，便于管理人员安排施工任务（表5-1）。

主要施工定额　　　　　　　　表5-1

序号	项目	施工定额	
地基与基础			
1	土方开挖（机型200）	1000	m^3/台·天
2	土方开挖（机型320）	1200	m^3/台·天
3	灌注桩（回旋钻）	2~3	根/20m·天
4	灌注桩（旋挖机）	3	根/20m·天
5	灌注桩（冲击钻）	0.6	根/18m·天
6	灌注桩（水钻）	2~3	根/20~30m·天
7	灌注桩（磨盘机）	1~2	根/40~60m·天
主体结构			
1	钢筋	0.5~0.8	t/人·天
2	钢筋（基础底板—2m）	0.85~1.2	t/人·天
3	钢筋（基础底板—3m）	1.5~1.8	t/人·天
4	钢筋（标准层-梁）	0.5	t/人·天
5	钢筋（标准层-板）	0.3	t/人·天
6	模板	15~20	m^2/人·天
7	模板（柱）	18~20	m^2/人·天
8	模板（板）	40~50	m^2/人·天
9	模板（墙）	30~40	m^2/人·天
装饰装修			
1	砌体（住宅）	2.5~3	m^3/人·天
2	砌体（商业）	3~3.5	m^3/人·天

续表

序号	项目	施工定额	
3	抹灰(住宅)	35~40	m²/人·天
4	抹灰(商业)	40~50	m²/人·天
5	抹灰(室内)	20~30	m²/人·天
6	抹灰(外墙)	30~40	m²/人·天
7	墙砖(卫生间)	15~18	m²/人·天
8	地砖(卫生间)	15~20	m²/人·天
9	地砖(楼梯间)	15~20	m²/人·天
10	地砖(大空间)	30~40	m²/人·天
11	吊杆、龙骨	30~40	m²/人·天
12	吊顶板(穿孔铝板)	140~150	m²/人·天
13	楼梯栏杆、扶手	90~120	m/2人·天
专业工程			
1	幕墙	2~3	m²/人·天
2	幕墙	8~12	m²/篮·天
3	幕墙电梯收口	40~50	天

5.4 项目资源配置平方米含量一览表

5.4.1 主体施工详见项目资源配置平方米含量一览表

城市综合体项目资源配置平方米含量见表5-2所列。

城市综合体项目资源配置平方米含量一览表 表5-2

序号	项目	主要材料平方米含量			地下结构阶段(人/浇筑1m³混凝土)	裙房结构阶段(人/浇筑1m³混凝土)	塔楼施工阶段(人/浇筑1m³混凝土)	
		钢材(kg)	混凝土(m³)	模板(m²)			竖向木模	竖向钢模
1	大商业	81.20	0.54	2.23	0.18	0.27	0.28	0.23
2	写字楼	65.67	0.39	2.20	0.18	—	0.45	
3	酒店	96.79	0.54	2.21	0.20	0.47	0.38	—
4	住宅	78.35	0.67	3.24	0.21	0.27	0.4	0.29

序号	项目	地下结构			裙房结构			塔楼		
		钢材(kg)	混凝土(m³)	模板(m²)	钢材(kg)	混凝土(m³)	模板(m²)	钢材(kg)	混凝土(m³)	模板(m²)
1	大商业	164.64	1.25	2.52	58.45	0.37	2.10	55.51	0.32	2.04
2	写字楼	151.94	1.26	2.72	51.31	0.31	2.16	59.9	0.34	2.19
3	酒店	176.34	1.13	2.57	83.63	0.40	2.62	62.39	0.35	2.22
4	住宅	156.01	1.19	2.28	78.59	0.74	3.52	54.53	0.42	3.50

5.4.2 支护及土石方工程

基坑边线长约1000～1300m，支护形式：支护桩（约1400根）＋止水帷幕＋3道锚（＋2道内支撑）；工程桩约2500～3500根，采用种类：管桩、灌注桩、抗浮锚杆；商业地下单层面积约4～6万m^2，两层地下室深度为12～14m，土方量约50～70万m^3。

（1）支护桩应先完成出土马道部位，汽车坡道不能滞后；帽梁施工须穿插跟进；止水帷幕采用三轴搅拌机，且不少于2台。

（2）工程桩为钻孔灌注桩的，桩机不少于80台，需根据工效不同增加装机数量。

（3）保证每天1万～2万m^3的出土量，挖机不少于50台。

5.4.3 城市综合体项目特有资源配置

1. 主体施工阶段

（1）配置项目直属劳务突击队，及时补充拆模、清理时期施工队人员不足的情况。

（2）大商业施工期间的拆改量巨大、业主分包单位人员不足时要及时补位。

（3）配置场内倒运车、叉车、汽车吊等运输工具，根据需要及时到位。

2. 后期"小业主"进场阶段

（1）应准备一定数量打、凿人员，混凝土切割人员在专业装修单位进场时同时进入施工现场。

（2）准备一支结构加固专业队伍，并保证随时进场按照"小业主"的要求进行加固施工。

（3）在专业装修队伍进场前组织一支由各工种组成的专业机动队伍，以应对随时发生的计划变动。

（4）组织一支80～100人的垃圾清运队伍，特别是开业前期以备随时调用。

5.5 已竣工项目资源配置统计表

（1）本节通过对六个已竣工的综合体项目和其他在建的综合体项目的调研，收集了各工程资源配置的相关数据，广泛征求各方意见编制而成。经过总结，提供了几组经验数据，如各分项工程钢筋、混凝土、模板、木方等主材的平方米含量，施工周转料具的投入量等，可供广大的管理者参考应用。

（2）经过一年的反复研究和思考，编制人员还总结出了一套在标准工期内主体施工过程中以混凝土浇筑工程量为主线的计算方法，通过简单的计算可以大致推导出在某一部位的一个施工区段中钢筋、模板的用量以及相关各工种劳动力的配置数量。

各类资源配置经验数据供管理人员在工作中参考应用，详见表5-3～表5-12所列。

已竣工某城市综合体工程主材及周转料具含量表　　　　表 5-3

片区	工程名称	每平方米含量							备注
		钢材 (kg)	混凝土 (m³)	模板 (m²)	钢管 (m)	木方 (m³)	砌体 (m³)	水泥 (t)	
北方片区	成都某项目	75.04	0.48	2.61	2.18	0.02	0.15	0.29	地下室一次性投入，地上投入5套
	石家庄某项目	77.01	0.53	1.98	8.73	0.03	0.12	0.01	地下室一次性投入，地上投入3套
	天津某项目	76.1	0.61	2.77	4.98	0.03	0.09	0.01	地下室一次性投入，地上投入4套
	济南某项目	83.34	0.51	2.3	6.8	0.02	0.12	0.01	地下室一次性投入，地上模板投入3套
	汇总	76.84	0.52	2.49	5.67	0.02	0.14	0.01	
南方片区	泰州某项目	94.84	0.62	2.71	27.2	0.05	0.11	0.04	一次性投入
	南京某项目	86.02	0.67	3.62	8.86	0.01	0.13	0.04	地下室一次性投入，地上模板投入5套
	汇总	90.93	0.64	3.11	8.8	0.04	0.12	0.04	

注：由于南方片区参与调查的只有泰州、南京两个项目，分项数据样本的制约性较大。可以看出，南、北方钢材含量受地理条件、结构形式的影响，南方比北方数据大。泰州某项目为了满足工期要求周转料具一次性投入（周转很少）量大，造成钢管、木方的含量明显高于其他项目。南京某项目使用钢管数量大、木方数量少。北方地区水泥含量少，是由于多数项目使用了商品砂浆作为抹灰、砌墙、贴砖使用。此统计数据局限性较大，仅供参考。

竣工项目各分项工程主材及周转料具含量表　　　　表 5-4

分项	大商业工程主材平方米含量						
	钢材 (kg)	混凝土 (m³)	模板 (m²)	钢管 (m)	木方 (m³)	砌体 (m³)	水泥 (t)
地下室	164.54	1.25	2.52	16.57	0.04	0.06	0.03
裙楼	58.45	0.37	2.10	5.13	0.02	0.17	0.17
塔楼	55.51	0.32	2.04	11.25	0.02	0.15	0.07
汇总	81.20	0.54	2.23	9.33	0.03	0.13	0.08

分项	酒店工程主材平方米含量						
	钢材 (kg)	混凝土 (m³)	模板 (m²)	钢管 (m)	木方 (m³)	砌体 (m³)	水泥 (t)
地下室	176.34	1.13	2.57	22.58	0.05	0.10	0.02
裙楼	83.63	0.40	2.62	17.52	0.05	0.20	0.02
塔楼	62.39	0.35	2.22	13.73	0.05	0.12	0.02
汇总	96.79	0.54	2.21	16.14	0.05	0.14	0.02

分项	住宅工程主材平方米含量						
	钢材 (kg)	混凝土 (m³)	模板 (m²)	钢管 (m)	木方 (m³)	砌体 (m³)	水泥 (t)
地下室	156.01	1.19	2.28	15.12	0.09	0.03	0.04
裙楼	78.59	0.74	3.52	9.86	0.09	0.25	0.23
塔楼	54.53	0.42	3.50	10.19	0.07	0.17	0.43
汇总	78.35	0.67	3.24	10.53	0.08	0.14	0.23

分项	写字楼工程主材平方米含量						
	钢材 (kg)	混凝土 (m³)	模板 (m²)	钢管 (m)	木方 (m³)	砌体 (m³)	水泥 (t)
地下室	151.94	1.26	2.72	18.17	0.04	0.08	0.06
裙楼	51.31	0.31	2.16	14.20	0.04	0.11	0.01
塔楼	59.90	0.34	2.19	13.89	0.04	0.07	0.08
汇总	65.67	0.39	2.20	15.78	0.04	0.06	0.01

表 5-5 商业主体施工主材及劳动力配置表

分项	平均工期（天）	施工段面积（m²）	平均层高（m）	浇筑1m³混凝土钢筋含量（kg）	浇筑1m³混凝土模板含量（m²）	浇筑1m³混凝土劳动力（人）	劳动力配置（人）劳动力比率				
							钢筋工	木工	混凝土工	架子工	辅助工
基础垫层施工	2	1270			3	0.27		10.24%	34.46%	10.24%	45.06%
基础施工												
主楼筏板混凝土浇筑	12	1560	0.55	140.91	1.89	0.06	49.54%	15.75%	15.41%	8.37%	10.93%
裙楼筏板混凝土浇筑	12	2040	0.55	105.75	1.65	0.05	48.13%	12.67%	21.00%	8.74%	9.46%
主楼地下室（一~2层）	18	1600	5.60	156.31	4.11	0.18	28.17%	42.68%	13.76%	7.22%	8.17%
裙楼地下室（一~2层）	17	1830	5.70	168.51	4.54	0.21	24.53%	44.02%	14.36%	7.99%	9.10%
主楼结构												
底部（1~5层）	21	1680	5.30	194.87	6.84	0.29	28.78%	42.77%	13.68%	7.52%	7.25%
设备层结构施工	8	1490	2.50	230.12	9.59	0.24	26.64%	40.97%	13.92%	8.18%	10.29%
标准层结构	5	1530	3.30	207.88	8.77	0.28	27.15%	40.01%	13.28%	8.96%	10.60%
主楼构筑物	17	470	3.30	200	6.17	0.56	20.13%	34.12%	21.69%	10.03%	14.03%
裙楼结构												
裙楼结构施工（1~5层）	12	1940	4.70	166.66	6.8	0.27	26.81%	43.32%	12.80%	8.25%	8.82%
裙楼构筑物	18	3300			6.38	0.17	29.79%	45.39%	10.50%	8.40%	5.92%

商业主体施工主材及劳动力配置表（南、北分区）

表5-6

分项		平均工期（天）		总面积(m²)		平均层高(m)		浇筑1m³混凝土钢筋含量(kg)		浇筑1m³混凝土模板含量(m³)		浇筑1m³混凝土劳动力(人)		劳动力配置 - 劳动力比率									
														钢筋工		木工		混凝土工		架子工		辅助工	
		北方	南方	北方	南方	北方	南方	北方	南方	北方	南方	北方	南方	北方	南方	北方	南方	北方	南方	北方	南方	北方	南方
基础施工	基础垫层	2	2	1400	1140							0.21	0.39			8.56%	9.24%	34.23%	34.46%	8.24%	10.54%	48.97%	45.76%
	主楼筏板混凝土浇筑	13	9	1700	1140	0.55	0.55	143.45	130.77	1.84	3	0.05	0.07	40.18%	52.18%	16.21%	17.89%	12.73%	19.50%	8.65%	7.80%	10.23%	14.52%
	裙楼筏板混凝土浇筑	12	12	2000	1140	6.00	6.00	105.75	105.75			0.05	0.05	48.67%	48.67%	10.98%	10.98%	21.00%	21.00%	8.23%	8.23%	11.12%	11.12%
地下室结构	主楼地下室（一~二层）	17	19	1800	1140	5.50	5.50	144.33	130.77	4.54	2	0.20	0.08	28.29%	27.70%	44.20%	36.60%	12.50%	18.79%	7.15%	7.52%	7.86%	9.40%
	裙楼地下室（一~二层）	16	19	2000	1140	5.50	5.50	156.54	130.77	5.52	2	0.26	0.08	23.48%	27.70%	46.49%	36.60%	12.88%	18.79%	8.14%	7.52%	9.01%	9.40%
主楼结构	底部（1~5层）	18	10	1800	1100	5.20	5.20	193.59	200	7.01	6.17	0.29	0.28	28.97%	28.00%	44.88%	34.33%	11.39%	22.83%	7.12%	9.13%	7.64%	5.71%
	设备层结构施工	8	8	1500	1100	2.60	2.60	230.12	228.63	9.59	9.59	0.24	0.24	26.64%	26.64%	40.97%	40.97%	13.92%	13.92%	8.18%	8.18%	10.29%	10.29%
	标准层结构	5	5	1500	1100	3.20	3.20	207.88	217.51	8.77	8.24	0.28	0.28	27.15%	27.15%	40.01%	40.01%	13.28%	13.28%	8.96%	8.96%	10.60%	10.60%
	主楼构筑物	14	8	460	1100	3.30	3.30	200.00	200	6.17	6.17	0.69	0.42	22.61%	16.39%	34.79%	32.79%	20.23%	24.59%	9.89%	9.84%	12.48%	16.39%
裙楼结构	裙楼结构施工（1~5层）	12	12	1940	1940	4.70	4.70	166.66	166.66	6.80	6.80	0.27	0.27	26.81%	26.81%	43.32%	43.32%	12.80%	12.80%	8.25%	8.25%	8.82%	8.82%
	裙楼构筑物	18	18	3300	3300							0.17	0.17	29.79%	29.79%	45.39%	45.39%	10.50%	10.50%	8.40%	8.40%	5.92%	5.92%

酒店主体施工主材及劳动力配置表

表 5-7

分项		平均工期（天）	施工段面积（m²）	平均层高（m）	浇筑1m³混凝土钢筋含量（kg）	浇筑1m³混凝土模板含量（m²）	浇筑1m³混凝土劳动力（人）	劳动力配置（人）劳动力比率				
								钢筋工	木工	混凝土工	架子工	辅助工
基础施工	基础垫层施工	10	1500				0.03		14.76%	59.24%		26.00%
地下室结构	主楼筏板混凝土浇筑	7	2500	1.40	104.72		0.03	34.34%	10.87%	35.17%	10.31%	9.31%
	裙楼筏板混凝土浇筑	1	2200		348.87		0.03			100.00%		
	主楼地下室（一2层）	12	2600	5.80	222.23	5.53	0.20	25.13%	45.21%	14.95%	7.17%	7.54%
	裙楼地下室（一2层）	30	2200	5.40	181.38		0.12	28.57%	47.62%	14.29%	9.52%	
主楼结构	底部（1~5层）	13	1800	6.24	216.35	8.04	0.40	26.33%	42.41%	14.59%	8.64%	7.93%
	设备层结构施工	5	1550	2.10	276.83	12.80	0.51	24.76%	42.20%	16.12%	8.26%	8.65%
	标准层结构	4	2800	4.50	219.46	8.66	0.38	24.96%	40.80%	16.60%	8.45%	9.19%
	主楼构筑物	16	1000	5.50	202.94	8.88	0.74	24.54%	37.86%	17.27%	10.63%	9.61%
裙楼结构	裙楼结构施工（1~5层）	10	1750	6.80	353.40	14.40	0.47	21.89%	45.89%	14.35%	11.99%	5.88%
	裙楼构筑物	4	1000	6	325.00	12.00	0.60	25.00%	33.33%	16.67%	16.67%	8.33%

5.5 已竣工项目资源配置统计表

酒店主体施工主材及劳动力配置表（南、北分区）

表 5-8

分项	平均工期（天）		总面积（m²）		平均层高（m）		浇筑1m³混凝土钢筋含量（kg）		浇筑1m³混凝土模板含量（m³）		浇筑1m³混凝土劳动力（人）		劳动力配置 劳动力比率								
													钢筋工		木工		混凝土工		架子工		辅助工	
	北方	南方	北方	南方	北方	南方	北方	南方	北方	南方	北方	南方	北方	南方	北方	南方	北方	南方	北方	南方	北方	南方
基础垫层施工	12	5	1400	4000							0.12	0.04			9.78%	21.05%	60.78%	52.63%			29.44%	26.32%
主楼筏板混凝土浇筑	6	10	1800	4000	1.40	1.40	82	150			0.04	0.02	33.62%	39.97%	9.27%	8.57%	45.54%	36.98%	3.18%	5.36%	8.39%	9.12%
裙楼筏板混凝土浇筑	1	1	2200	2200			349	349			0.03	0.03					100.00%	100.00%				
主楼地下室（一~二层）	13	10	2000	4000	5.40	6.40	167	333	5.29	5.78	0.25	0.09	24.33%	23.53%	45.28%	47.06%	16.54%	11.76%	4.87%	11.76%	8.98%	5.88%
裙楼地下室（一~二层）	30	30	2200	2200	5.40	5.40	181	181			0.12	0.12	28.57%	28.57%	47.62%	47.62%	14.29%	14.29%	9.52%	9.52%		
底部（1~5层）	15	10	2000	1600	5.80	7.20	200	250	6.87	9.22	0.41	0.36	25.12%	26.67%	44.02%	40.00%	15.36%	13.33%	6.30%	13.33%	9.20%	6.67%
设备层结构施工	6	3	1500	1600	2.10	2.20	207	347	12.80	12.80	0.52	0.50	24.17%	26.67%	43.18%	40.00%	16.62%	13.33%	5.72%	13.33%	10.31%	6.67%
标准层结构	5	3	3500	1600	4.90	3.90	187	285	6.80	10.53	0.36	0.41	24.21%	26.67%	42.18%	40.00%	17.56%	13.33%	5.12%	13.33%	10.93%	6.67%
主楼构筑物	23	4	820	1300	5.00	6.00	113	293	6.96	10.80	1.00	0.49	23.44%	25.83%	39.06%	36.67%	19.53%	15.00%	6.25%	15.00%	11.72%	7.50%
裙楼结构施工（1~5层）	10	10	1000	2500	6.00	7.15	317	390	14.40	14.40	0.52	0.41	20.27%	23.53%	43.21%	47.06%	16.84%	11.76%	13.79%	11.76%	5.88%	5.88%
裙楼构筑物	4	4	1000	1000	6.00	6	325	325	12.00	12	0.60	0.6	25.00%	25.00%	33.33%	33.33%	16.67%	16.67%	16.67%	16.67%	8.33%	8.33%

高层住宅主体施工主材及劳动力配置表

表 5-9

分项	平均工期(天)	施工段面积(m²)	平均层高(m)	浇筑1m³混凝土钢筋含量(kg)	浇筑1m³混凝土模板含量(m²)	浇筑1m³混凝土劳动力(人)	劳动力配置(人)劳动力比率					
							钢筋工	木工	混凝土工	架子工	辅助工
基础垫层施工	3	1738	0.10	68.16	0.03	0.21	32.29%	11.14%	22.69%	3.90%	29.98%
基础施工											
主楼筏板混凝土浇筑	9	1301	0.60	121.65	4.18	0.09	46.00%	26.50%	11.97%	2.39%	13.14%
裙楼筏板混凝土浇筑	9	1556	0.50	133.00	0.04	0.12	51.28%	19.23%	19.23%		10.26%
主楼地下室(一~2层)	12	1329	4.54	199.32	6.18	0.21	28.68%	45.62%	10.67%	6.37%	8.67%
裙楼地下室(一~2层)	9	1529	4.24	143.40	4.11	0.18	30.65%	46.31%	9.72%	4.89%	8.43%
地下室结构											
底部(1~5层)	16	951	5.56	196.55	5.79	0.20	28.17%	44.87%	11.01%	8.01%	7.94%
设备层结构施工	7	1250	2.00	165.60	8.81	0.30	19.23%	37.50%	17.31%	11.54%	14.42%
标准层结构	4	880	2.93	150.22	10.56	0.40	24.98%	41.10%	13.88%	10.87%	9.17%
主楼构筑物	8	687	4.56	91.06	7.90	0.36	22.40%	40.94%	16.02%	10.80%	9.83%
主楼结构											
裙楼结构施工(1~5层)	9	866	5.11	133.68	7.24	0.27	29.10%	44.20%	12.95%	8.21%	5.54%
裙楼构筑物	9	866	5.11	133.68	7.24	0.27	29.10%	44.20%	12.95%	8.21%	5.54%
裙楼结构											

5.5 已竣工项目资源配置统计表

高层住宅主体施工主材及劳动力配置表（南、北分区）

表 5-10

分项	平均工期（天）		总面积（m²）		平均层高（m）		浇筑1m³混凝土钢筋含量（kg）		浇筑1m³混凝土模板含量（m³）		浇筑1m³混凝土劳动力（人）		劳动力配置 劳动力比率								
													钢筋工		木工		混凝土工		架子工		辅助工	
	北方	南方	北方	南方	北方	南方	北方	南方	北方	南方	北方	南方	北方	南方	北方	南方	北方	南方	北方	南方	北方	南方
基础垫层混凝土施工	1	4	1700	1758	0.10	0.10	68.16	68.16	0.03	0.03	0.30	0.12	28.92%	39.51%	10.98%	14.39%	13.08%	16.73%	4.98%	5.25%	42.04%	24.12%
基 础 施 工																						
主楼筏板混凝土浇筑	11.00	8	1700	1102	0.60	0.60	118.86	123.05	4.18	4.18	0.11	0.08	59.52%	41.20%	7.94%	11.74%	11.11%	11.74%	1.59%	3.19%	19.84%	7.45%
裙楼筏板混凝土浇筑	10.00	7	1800	1312	0.50	0.50	133.00	133.00	0.04	0.04	0.12	0.12	51.28%	51.28%	19.23%	19.23%	19.23%	19.23%			10.26%	10.26%
主楼地下室（一2层）	12.50	12	1700	1144	4.78	4.43	184.04	206.95	7.03	5.76	0.33	0.14	30.00%	28.02%	53.33%	41.76%	7.33%	12.33%	2.67%	8.22%	6.67%	9.67%
裙楼地下室（一2层）	9.00	9	1800	1257	4.78	3.70	170.79	116.00	5.77	2.46	0.18	0.17	28.30%	32.20%	50.31%	40.00%	9.43%	11.20%	2.52%	8.00%	9.43%	8.60%
地 下 室 结 构																						
底部（1～5层）	16.33	16	890	982	5.27	5.70	105.12	242.27	4.29	6.55	0.26	0.18	30.32%	27.10%	52.47%	41.07%	8.06%	12.48%	4.85%	9.59%	4.30%	9.76%
设备层结构施工	7	7	1250	1250	2.00	2.00	165.60	165.60	8.81	8.81	0.30	0.30	19.23%	19.23%	37.50%	37.50%	17.31%	17.31%	11.54%	11.54%	14.42%	14.42%
标准层结构	4.21	4	650	996	2.90	2.95	195.00	127.83	10.95	10.37	0.54	0.34	24.27%	25.00%	43.69%	41.19%	14.56%	13.54%	7.77%	11.38%	9.71%	8.90%
主楼构筑物	8	8	687	687	4.56	4.56	91.06	91.06	7.90	7.90	0.36	0.36	22.33%	22.33%	40.58%	40.58%	16.46%	16.46%	10.80%	10.80%	9.83%	9.83%
主 楼 结 构																						
裙楼结构施工（1～5层）	11.67	7	1020	711	5.27	4.95	122.59	144.76	9.46	5.02	0.43	0.10	29.76%	30.49%	47.62%	42.68%	11.90%	14.53%	4.76%	12.20%	5.95%	5.95%
裙楼构筑物																						
裙 楼 结 构																						

写字楼主体施工主材及劳动力配置表

表 5-11

分项	平均工期(天)	施工段面积(m^2)	平均层高(m)	浇筑$1m^3$混凝土钢筋含量(kg)	浇筑$1m^3$混凝土模板含量(m^2)	浇筑$1m^3$混凝土劳动力(人)	劳动力配置(人) 劳动力比率				
							钢筋工	木工	混凝土	架子工	辅助工
基础垫层施工	4	2280			3	0.17	39.83%	12.53%	30.30%		17.34%
基础施工											
主楼筏板混凝土浇筑	10	2500		140.79	0.17	0.05	48.67%	13.24%	25.67%	12.42%	5.83%
裙楼筏板混凝土浇筑	10	2060		145.00	0.36	0.03	59.32%	8.47%	25.42%	6.78%	
主楼地下室(一2层)	12	2000	6.30	201.21	4.55	0.18	28.60%	48.40%	11.05%	6.54%	5.41%
裙楼地下室(一2层)	13	2060	5.60	104.53	4.08	0.11	30.61%	44.22%	17.01%	5.44%	2.72%
地下室结构											
底部(1~5层)	8	1400	5.80	193.96	6.65	0.35	28.46%	45.49%	12.84%	7.71%	5.50%
设备层结构施工	6	940	3.00	282.24	9.87	0.64	19.40%	44.35%	17.30%	11.00%	7.95%
标准层结构	4	1400	3.50	248.52	8.94	0.45	25.00%	46.32%	14.22%	8.43%	6.03%
主楼构筑物	12	860	4.50	282.11	10.31	0.80	25.20%	43.10%	14.19%	9.67%	7.84%
主楼结构											
裙楼结构施工(1~5层)											
裙楼构筑物											

5.5 已竣工项目资源配置统计表

写字楼主体施工主材及劳动力配置表（南、北分区）

表 5-12

分项	平均工期(天)		总面积(m²)		平均层高(m)		浇筑1m³混凝土钢筋含量(kg)		浇筑1m³混凝土模板含量(m³)		浇筑1m³混凝土劳动力(人)		劳动力配置 劳动力比率									
													钢筋工		木工		混凝土工		架子工		辅助工	
	北方	南方	北方	南方	北方	南方	北方	南方	北方	南方	北方	南方	北方	南方	北方	南方	北方	南方	北方	南方	北方	南方
基础施工																						
基础垫层混凝土施工	4	5	2560	2000								0.17	30.56%	38.99%	10.23%	10.24%	34.77%	31.87%			24.44%	18.90%
地下室结构																						
主楼筏板混凝土浇筑	10	10	3050	2000			131.58	150.00	0.17	0.17	0.04	0.06	46.24%	41.20%	16.35%	14.24%	22.40%	23.11%	7.31%	14.36%	7.70%	7.09%
裙楼筏板混凝土浇筑	10	10	2060	2060			145.00	145.00	0.36	0.36	0.03	0.03	59.32%	59.32%	8.47%	8.47%	25.42%	25.42%			6.78%	6.78%
主楼地下室(一~2层)	13	10	1960	2000	6.22	6.40	151.81	300.00	4.37	5.20	0.22	0.10	29.34%	23.53%	45.12%	47.06%	13.86%	11.76%	4.23%	11.76%	7.45%	5.88%
裙楼地下室(一~2层)	10	10	2060	2060	5.55	5.55	104.53	104.53	4.08	4.08	0.11	0.11	30.61%	30.61%	44.22%	44.22%	17.01%	17.01%	5.44%	5.44%	2.72%	2.72%
主楼结构																						
底部(1~5层)	9	8	1250	1600	4.96	7.20	167.12	247.62	5.40	9.14	0.34	0.36	28.00%	26.67%	47.00%	40.00%	14.19%	13.33%	5.90%	13.33%	4.91%	6.67%
设备层结构施工	7	4	900	1000	2.05	3.8	239.48	325.00	7.74	12.00	0.68	0.60	16.34%	25.00%	50.23%	33.33%	16.85%	16.67%	7.16%	16.67%	9.42%	8.33%
标准层结构	5	4	1250	1600	3.40	3.80	210.28	325.00	7.41	12.00	0.44	0.47	24.16%	26.67%	42.54%	40.00%	19.34%	13.33%	6.61%	13.33%	7.34%	6.67%
主楼构筑物	20	4	110	1600	5.20	3.8	44.22	520.00	1.43	19.20	0.84	0.75	17.17%	26.67%	45.34%	40.00%	19.24%	13.33%	9.23%	13.33%	9.02%	6.67%
裙楼结构																						
裙楼结构施工(1~5层)																						
裙楼构筑物																						

(3) 已竣工项目各专业所占总造价的比率，分商业、酒店、写字楼及住宅，供管理人员了解和掌握（表 5-13～表 5-15）。

商业工程各专业所占总造价比率一览表 表 5-13

片区	工程名称	各专业所占比率						
		土建	机电安装	钢结构	幕墙	装饰	开办费	管理费
北方片区	大连某项目	75.95%	8.21%	0.00%	6.59%	6.62%	1.33%	1.30%
	天津某项目	55.73%	18.07%	2.80%	8.50%	10.90%	1.80%	2.20%
	石家庄某项目	59.49%	15.81%	0.69%	5.83%	11.07%	5.69%	1.42%
	济南某项目	54.18%	25.47%	1.94%	1.54%	13.59%	1.61%	1.67%
	汇总	61.34%	16.89%	1.36%	5.61%	10.54%	2.61%	1.65%
南方片区	南京某项目	82.15%	8.25%	0.00%	1.63%	5.64%	0.70%	1.63%
	泰州某项目	53.00%	21.00%	0.00%	5.00%	18.50%	1.50%	1.00%
	汇总	67.58%	14.63%	0.00%	3.32%	12.07%	1.10%	1.32%

高层住宅项目各专业所占总造价比率一览表 表 5-14

片区	工程名称	各专业所占比率						
		土建	机电安装	钢结构	幕墙	装饰	开办费	管理费
北方片区	大连某项目	86.57%	8.54%	0.00%	1.47%	1.15%	1.06%	1.21%
	天津某项目	71.40%	18.30%	0.00%	0.00%	8.10%	0.90%	1.30%
	石家庄某项目	75.11%	6.40%	0.00%	2.10%	13.76%	0.83%	1.80%
	汇总	77.69%	11.08%	0.00%	1.19%	7.67%	0.93%	1.44%
南方片区	南京某项目	80.23%	11.22%	0.00%	4.22%	2.37%	0.65%	1.31%
	泰州某项目	67.70%	13.00%	0.00%	5.30%	11.00%	1.50%	1.50%
	汇总	73.97%	12.11%	0.00%	4.76%	6.69%	1.08%	1.41%

写字楼工程各专业所占总造价比率一览表 表 5-15

片区	工程名称	各专业所占比率						
		土建	机电安装	钢结构	幕墙	装饰	开办费	管理费
北方片区	天津某项目	53.80%	23.20%	0.00%	11.10%	8.90%	1.20%	1.80%
	石家庄某项目	55.60%	26.80%	0.30%	12.50%	2.50%	0.50%	1.80%
	济南某项目	37.56%	16.80%	0.41%	16.33%	20.11%	8.26%	0.54%
	汇总	48.99%	22.27%	0.24%	13.31%	10.50%	3.32%	1.38%
南方片区	南京某项目	48.98%	22.26%	0.24%	13.32%	10.50%	3.32%	1.38%
	泰州某项目	62.00%	16.00%	0.00%	9.00%	10.00%	2.00%	1.00%
	汇总	55.49%	19.13%	0.12%	11.16%	10.25%	2.66%	1.19%

第 6 章 工期管理的资金保障

6.1 编制项目资金策划

城市综合体项目按合同签订条款多为融资施工,工期管理的资金保障十分重要,因此,总承包项目部根据业主合同付款节点和施工进度计划及时编制《项目现金流量表》,确保项目顺利实施。

6.2 编制现金流量计划表

(1) 现金流量表按月进行编制。按总、分包合同付款比例,确定每月项目资金预收、支款计划,找出本项目最大资金流量收支点及资金缺口数额。在公司最大限度整合社会资源的前提下,要全力做好资金支持与服务,确保项目正常运行。

(2) 项目部就如何运作整个项目资金,进行"开源、节流",保证工程不受资金的状况而影响进度,进行完整而细致的策划。

(3) 项目要树立资金时间价值意识,提高项目资金使用效益。

(4) 项目经理应按现金流量计划控制资金使用,以收定支,节约开支。应按会计制度规定设立财务台账,记录项目资金收支情况,加强财务核算,及时盘点盈亏。

6.3 资金保障具体措施

(1) 选择实力雄厚有一定融资能力并且与公司长期合作的优良资源,主要指劳务分包商、物资供货商、大型机械设备租赁商,在项目资金困难的情况下,提前洽谈好,获得分供方的理解与支持,转嫁风险,将风险因素降至最低。

(2) 分层与业主沟通。确立项目经理、分区经理为第一责任人,主动沟通业主取得理解和支持,增加付款节点、提高付款比例,简化付款流程,加快付款进度。实践证明,经过已完工程项目的重点策划与沟通,以上四项工作均得到了很好的落实,对确保工期起到了决定性作用。

(3) 建立施工企业供应链融资渠道。供应链融资是指以特大型核心企业商务履约为风险控制基点,银行通过对特大型核心企业的责任捆绑,以适当产品或产品组合将银行信用有效地注入产业链中的核心企业以及其上下游配套企业,针对核心企业上下游长期合作的供应商、经销商提供融资服务的一种授信模式。

(4) 采取现金支票与承兑汇票相结合的付款形式,同时申请办理保理业务,来寻求解决项目资金缺口的新途径。

(5) 以节点付款为目标安排施工生产，调整侧重方向，尽早实现每个施工节点工程款的回收，这一策划的贯彻与落实，将缓解项目整体资金的压力。

(6) 项目经理应做好项目资金使用情况分析。对资金使用情况应进行计划收支与实际收支对比，找出差异，分析原因，及时做好项目资金回收工作。

(7) 项目竣工后，结合成本核算与分析进行资金收支情况和项目经济效益总分析，分析结果上报企业管理层；企业根据项目资金管理的效果对项目经理部实施奖罚。

6.4 工程前期的资金准备

根据以往工程情况，城市综合体项目的第一次支付节点一般是结构工程全部施工完毕（含±0.00顶板）。因此，工程前期（±0.00以下部位的施工）需要总承包单位融资，且数额巨大。这要求公司相关管理人员必须统筹全局，前瞻性地为项目前期顺利施工奠定资金方面的基础。

以天津某项目为例，该项目按照合同签订条款为融资施工，开工前项目部依据工程开发部位先后组织编制了多版项目资金计划表，根据该现金流显示出融资额度高。总承包方公司对项目的运行给出了最大限度的支持。与此同时，在得到支持的前提下，项目如何做到"开源与节流"，这是项目资金管理特别是前期资金储备的工作重点。

6.5 工程进度款回收

多数项目属中间结算工程，每一次节点付款，所完成的工程量必须经过业主聘请的跟踪审计单位审核确认后，工程款才允许支付，计量工作量较大，无形中延长了回收资金的时间。为了减小资金压力，采用如下措施：

(1) 尽量选择有实力的分包商和供应商，在招标时劳务队和材料商的付款条件与总包方同业主签订的付款条件一致，将融资风险转嫁给分包商和供应商。在付款的比例上，分包合同及材料合同的付款比例比承包合同还低，以确保资金的正常周转。

(2) 施工过程中积极配合业主方，力争保质保量的按节点完成工作，树立良好形象，在这一基础上及时和业主方沟通，争取进度款可以提前一个节点支付。

(3) 提前进行进度款计量审计过程，做到已完工程量取得审计确认时间不得晚于每一个付款节点，为工程款及时回收创造条件。例如某综合体项目的地下室工程，由于体量较大，各分包单位交叉施工、施工组织设计随时调整等，使得地下室全部如期封顶很难，为此项目最终和业主方沟通的结果是地下室只要完成一块就可以支付相应的经审计审核的工程进度款；主楼标准层合同约定是每完成6层甲方支付一次进度款，后经与业主方协商按每幢楼标准层完成6层就可以支付进度款。

(4) 项目部合约人员应积极展开工作，在进场后立即安排合约人员熟悉图纸，尽快把工作量计算出来。由于一般合同会约定工程竣工交付后，决算审计完成才能付至结算额的95%，因此为了尽快收回工程款，工程量计算完成后立即跟业主和业主委托的审计单位沟通，尽快与跟踪审计单位核对工作量，跟踪单位审计完成后督促业主，尽快由其委托的审计单位（三审）进行最终审计，在还未竣工之前把图纸内结算工作完成，将结算工程控制在整个施工过程中，为及时收回工程款提供平台，最大限度减少资金压力。

第 7 章 工期管理的技术保障

7.1 工期与技术的关系

城市综合体工程项目组织机构的配置,要充分考虑到大型群体工程的特殊性,充分认识到技术管理对工期及施工总体部署的重要性,特别是在技术力量的配置上,要足额配置。通过科技创新和技术手段缩短工期,降低成本,为施工生产保驾护航。

7.2 编制施工组织设计

及时编制总体施工组织设计和分部分项施工组织设计,进行总体施工部署和施工安排。

(1) 对于三边工程最大缺陷就是图纸质量较差,因此要配备足够的专业工程师进行审图、深化施工图设计、优化施工方案,对基础、地下、主体结构、二次结构、机电安装及精装修等各专业单位统筹安排,编制详细的分部、分项施工组织计划与专项施工方案。

(2) 对于城市综合体项目在施工期间其使用功能经常会根据招商和销售情况不断在变化,加上图纸不及时、图纸质量差等因素,往往会给正常施工带来很大的影响。工程变更要及时修订和编写相关施工组织设计和施工专项方案。

(3) 项目部要配置专人编制总体施工组织设计和分部分项、分专业施工组织设计(酒店、大商业、写字楼、住宅);梳理含有各专业(业主指定分包)的施工专项方案和危险性较大的施工专项方案(特别是包括需要专家论证的方案),严格审批手续。

7.3 各专业主要施工方案的编制

(1) 按总进度计划梳理总承包项目部所有的主要技术方案和施工组织设计,应确定主要施工方法和施工方案与专项施工方案,明确编制完成时间、编制人、上报时间和审批人(自主分包、业主指定分包、独立分包),见表 7-1 所列。

(2) 危险性较大的分部、分项工程的主要方案
1) 基坑支护、降水工程;
2) 土方开挖工程;
3) 模板工程及支撑体系工程;
4) 起重吊装及安装拆卸工程;

主要技术方案
（自主分包、业主指定分包、独立分包）   表 7-1

序号	名称	编制人	审批人	编制完成时间	上报总包时间	审批完成时间	是否专家论证
1	施工组织总设计						
2	钢结构安装施工组织设计						
3	幕墙工程施工组织设计						
4	钢网架工程施工组织设计						
5	屋面工程施工组织设计						
6	室内装饰装修工程施工组织设计						
7	电气工程						
8	给水排水工程						
9	通风与空调工程						
10	电梯工程施工组织设计						
11	智能建筑（弱电）工程施工组织设计						
12	施工测量方案						
13	超前钻施工方案						
14	土方开挖及地基处理施工方案						
15	人工挖孔桩施工方案						
16	人工挖孔桩爆破专项施工方案						
17	嵌岩基础施工方案						
18	基坑回填施工方案						
19	地下防水工程施工方案						
20	地下室结构工程施工方案						
21	隔震垫施工方案						
22	阻尼器施工方案						
23	高大模板施工方案						
24	清水混凝土施工方案						
25	超长混凝土结构施工方案						
26	预应力结构施工方案						
27	后浇带、施工缝、变形缝施工方案						
28	外墙脚手架工程施工方案						
29	砌体施工方案						

续表

序号	名　称	编制人	审批人	编制完成时间	上报总包时间	审批完成时间	是否专家论证
30	轻质隔墙施工方案						
31	抹灰工程施工方案						
32	细石混凝土地面施工方案						
33	地面工程施工方案						
34	墙面装饰工程施工方案						
35	吊顶工程施工方案						
36	玻璃幕墙施工方案						
37	外墙石材幕墙施工方案						
38	金属幕墙施工方案						
39	门窗工程施工方案						
40	机电预留预埋工程施工方案						
41	建筑防雷接地施工方案						
42	建筑给水、排水及采暖工程施工方案						
43	通风与空调工程施工方案						
44	建筑电气工程施工方案（需细分）						
45	电梯工程施工方案（需细分）						
46	弱电工程施工方案（需细分）						
47	信息工程施工方案（需细分）						
48	机电工程联合调试方案（需细分）						
49	综合布线施工方案						
50	临时水、电施工方案						
51	办公、生活临时设施施工方案						
52	塔吊安拆施工方案						
	……						

5）脚手架工程；

6）拆除、爆破工程；

7）其他重要工程。

（3）基坑支护方案

1）放坡土钉墙适用于有一定粘结性的杂填土、黏性土、粉土、黄土与弱胶结的砂土边坡和地下水位低于开挖层或经过降水使地下水位低于开挖标高的情况。

2）钻孔灌注桩、旋喷桩加预应力锚柱，适用于邻近有建筑物或地下管线而不允许有较大变形的基坑支护工程。

3）钻孔柱桩、旋喷桩加内支撑，适用于深基坑及软土地基，支撑设计要考虑栈桥。

4）连续墙、旋喷桩加内支撑，设计时应考虑施工道路等荷载，同样适用于深基坑及软土地基。

（4）外脚手架方案

写字楼、酒店一定要采用悬挑架（便于室外总体及外装及时穿插），住宅项目外墙施工根据南北地区特点进行选择。北方外墙砌体量小，优先选用爬架，南方地区外墙砌体量大，优先选用挑架。

（5）模板方案

模板方案，尤其是高支模方案，必须经过专业技术人员进行验算复核，方案必须经过专家认证后方可实施。

竖向模板选择必须结合实际工程进度，建议选用木模。

（6）应特别重视以下情况的施工方案

1）危险性较大的分部、分项工程；

2）重点、难点工程；

3）特殊过程和关键过程；

4）季节性工程施工；

5）容易发生安全事故的过程，如现场临时用电施工、群塔作业、现场防护、达到一定规模的现场消防专业施工等；

6）认为重要的分部分项工程。

7.4 设计及施工优化要点

（1）基坑支护、桩基的优化

大型综合体项目基坑支护、桩基等方案的设计往往会发生滞后的现象，导致工期延误。而且整个工程的设计变更比较大，经常出现按照准备图纸施工的情况。

（2）后续设计补充造成的风险

如：环梁支撑，劲性混凝土、斜抛撑采用钢结构等方案，这些设计往往在投标时没有考虑，实际施工时会增加总承包单位的措施费和工期，此部分所产生的费用合同规定不得调整，这种情况管理者必须引起高度重视。

（3）多数综合体项目业主出图纸晚，导致集中施工或抢工。这种现象无疑会增加总承包对钢管、扣件、脚手架、模板等主要周转料具的投入量。因此，如何通过技术优化缩短工期显得尤其重要。

（4）多数工程对工期的管控是非常严格的，但由于综合体工程最大的特点是"三边"工程，因此，作为总包一定要注意以下几个方面：

1）主动配合并参与业主进行设计变更。

2）做好各种变更手续并留好第一手资料，以备事后与业主交涉。

3）积极组织施工，如果做到施工先行，就会终止很多因变更而导致的返工。

7.5　加快施工进度的方案优化

（1）基坑支护阶段、通过增加早强剂缩短工序间歇；通过抗浮锚杆预留套管后施工法解决抗浮锚杆周期长与结构施工发生冲突的影响。

（2）施工组织顺序：结构施工阶段如何优化施工组织程序、缩短工期（先施工竖向结构还是整层施工）、装饰阶段（各工序最早插入点掌握，如何穿插影响最小）。

（3）优化主体结构施工组织，尤其是塔楼（标准层）分段流水施工以减少垂直运输等方面的压力；顶板钢筋绑扎过程中提前施工上段竖向钢筋，可以为模板施工缩小技术间歇。

（4）后浇带模板单独支设，采取水平后浇带加固和竖向后浇带封堵的方法可以减少后浇带施工工期对总工期的影响。

（5）通过外脚手架方案优化使之加大与主体结构的间距，为石材幕墙提前在脚手架内施工提供条件，缩短了外墙施工工期对整体工期影响。

（6）肥槽回填优化，根据现场实际情况回填土可以优化为细砂、素混凝土等。

（7）墙体优化，厨房、卫生间、楼梯间、阳台空调隔墙等100mm的砌体墙可以优化为成品墙板（如FS-LCM板、ALC板），大大缩短工期。

（8）为保证后期砌筑、安装及时穿插，后浇带部位可以采用混凝土防沉柱、钢支撑等代替脚手架体系，保持楼层面水平运输通道和管线一次安装到位。

7.6　设计变更管理

根据目前的市场环境和项目特点，多数工程的规划、设计同步进行。设计时间短，造成设计人员对使用功能等考虑不全面，出图仓促，并且不按正常程序进行审图。

另外，由于业主招商策略和计划等原因，许多商户在开业前2~3个月才进驻现场，之后才进行装修。按照进度要求，此时施工单位已将一二次结构施工完成，为了满足业主正常营业的要求必须根据不同商户的需求，对已施工完成的结构局部进行拆改，很多部位需要结构加固。

为了最大限度地减少工期损失，总承包项目部必须配置专职技术人员对接业主设计部和设计院，尽量减少图纸变化对进度的影响，并对所有已变更图纸及变更资料做好收发文登记。

第 8 章　工期管理的质量保障

对于城市综合体开发项目工期的要求非常严格,大部分工程都因为拆迁及设计不到位等原因造成开工时间、前期进度延误。业主为确保工期,后门关死,项目部为抢工期,不得不采取人海战术、减小工序间歇等措施进行抢工。因此必须采取措施,严格进行过程控制,执行国家、行业、企业质量管理规定,确保质量目标的实现。

8.1　建立质量管理小组

(1) 总承包项目部应做好现场工程的施工质量控制与管理,建立健全质量管理体系,制定相应的质量监控体系与管理措施。

(2) 质量管理体系分为总包管理体系与区段管理体系,并分区段成立 P-D-C-A 质量管理小组,针对现场质量问题,进行现场控制与管理。

(3) 成立以项目经理(或区段项目经理)为首的"质量管理领导小组"。总承包项目部设立质量总监,进行质量监督。项目总工程师和质量管理负责人按时组织项目部质检员、项目工长、各有关业务部门人员、各施工队队长、主管工程师和专业工程师进行质量检查。形成内外贯通、纵横到位的质量管理组织机构。

8.2　编制质量控制计划

(1) 根据工程质量目标,编制详细的质量控制计划,包括总体质量目标、分项工程质量计划等,并根据计划编制详细的质量保障方案(如人、机、材、法、环、技等方面)。

(2) 编制创优策划,编制关键过程、特殊过程监控计划、专项方案,加强过程监控。

(3) 明确影响质量的关键环节和关键因素。

(4) 确定项目管理人员质量管理的职责。

(5) 确定施工过程中的质量检验和试验活动。

(6) 制定工程质量验收标准。

(7) 确定保证质量计划采取的措施。

8.3　全员质量管理制

(1) 项目经理(区段项目经理)与各专业责任工程师及管理人员签订质量管理责任

状,同时也要和各施工单位签订有针对性的质量管理责任状。质量责任制要层层落实,明确质量目标,建立重要控制点,实施奖罚制度。

(2)项目部对质量各要素进行管控。从管理人员到操作工人,从进场材料到机械设备,从方案的制定、审批到施工环境、施工工序的控制,严控每一个工作环节,强化责任意识,保证工程施工质量。

(3)项目部组织每周一次的质量检查评比,不仅把各分包的名次和存在的问题张榜公布,而且向各分包方的上级主管抄送一份综合检查的名次和检查存在问题的书面材料,以引起各专业分包主管领导和单位的重视和支持。

(4)区段要每天一次定期进行工程质量检查。对每次检查的工程质量情况要及时总结通报、奖优罚劣。各级质检人员坚持做好常规性质量检查监督工作,及时解决施工中存在的质量问题,预防质量通病,杜绝质量事故,使工程质量在施工的全过程始终处于受控状态。

8.4 实施样板引路

项目部必须严格执行样板引路制度,编制详细样板间质量控制计划。无论是结构施工还是装饰施工必须先施工样板间或样板层,样板验收合格后,组织所有施工人员进行施工现场交底,确定施工工序与使用材料,才能严格按样板间进行大面积施工。

8.5 质量控制措施

8.5.1 编制创优策划

(1)准备阶段的《施工组织设计和质量计划》应依据已有质量管理手册,结合以往工程创优的经验,编制《施工组织设计》和《质量计划》。主要描述项目的各项管理,其中包括:施工部署、资源配备、职责分工、管理措施等,并对这些方面均作了较为细致的描述与介绍。以达到项目管理的程序化、施工过程中的规范化的管理效果,尤其是对施工中难点和重点做到有效的预控,保证产品的质量。

(2)准备阶段(施工方案)根据施工组织设计和规范、规程编制施工方案。

(3)实施阶段(技术交底)针对该工程的特点编制各分项、特殊工程、关键过程技术交底,指导工人严格地按照施工方案进行施工,达到设计及验收规范要求。

8.5.2 坚持技术交底制度

每个分项工程开工前,由该项工程的主管工程师对各工艺环节的操作人员进行技术交底。讲清设计要求、技术标准、定位方法、功能作用、施工参数、操作要点和注意事项,使所有操作人员心中有数,并做到以下几点要求:

1. 坚持工艺试验制度

项目采用的新工艺、新设计、重要的常规施工工艺等在第一次实施前,均安排试验单元进行工艺试验。坚持"一切经过试验、一切用数据说话"的原则,优选施工参数,优化资源配置。

2. 坚持工艺过程三检制度

每道工序均严格进行自检、互检和交接检;上道工序不合格,下道工序不接收。

3. 坚持隐蔽工程检查签证制度

凡是隐蔽工程项目,在内部三检合格后,按规定报请监理工程师复检,检查结果填写表格,双方签字。

4. 坚持"四不施工"、"三不交接"制度

"四不施工"即:未进行技术交底不施工;图纸及技术要求不清楚不施工;测量控制标志和资料未经换算复核不施工;上道工序未进行三检不施工。"三不交接"即:三检无记录不交接;技术人员未签字不交接;施工记录不全不交接。

8.5.3 过程监控

(1) 多种监控方式;
(2) 落实交底制度;
(3) 合同交底;
(4) 施工方案交底;
(5) 技术交底;
(6) 施工班组交底;
(7) 培训和考试;
(8) 分级抽查、随机抽验;
(9) 分部、分项、检验批验收。

8.5.4 质量管理制度

(1) 样板制的实施:设置"样板区",对各分项工程制作样板,明确具体分项做法,以样板引路。
(2) 三检制落实:全方位、全过程执行三检制。
(3) 挂牌制度:每一区段注明施工操作班组和操作人员,加强操作人员的责任感。
(4) 奖惩制度:针对基础、主体、装修等施工阶段建立健全奖罚制度,在施工过程中严格执行。

8.5.5 专项质量治理

针对过程控制,定期开展专项治理质量活动,包括:质量问题分析、不合格品处置、质量整改等。

8.6 成品保护

(1) 成立成品保护小组。小组应对需要进行成品保护的部位列出清单,并制定出成

品保护的具体措施（尤其是在后期装饰阶段）。

（2）在施工组织设计阶段应对工程成品保护的操作流程提出明确要求。严格按顺序组织施工，先上后下，先湿后干，坚决防止漏水情况出现。地面装修完工后，各工种的高凳架子、台钳等工具原则上不许再进入房间。最后油漆及安装灯具时，梯子要包胶皮，操作人员及其他人员进楼必须穿软底鞋，完一间，锁一间。

（3）上道工序与下道工序之间要办理交接手续，上道工序完成后方可进行下道工序，后道工序施工人员负责对成品进行保护。

（4）各楼层设专人负责成品保护，尤其是装修安装阶段，设置专门的成品巡查小组，发现成品破坏情况必须严厉处罚。各专业队伍也必须设专人负责成品保护。

（5）成品保护小组每周举行一次协调会，集中解决发现的问题，指导、督促各单位开展成品保护工作，并协调好各自的成品、半成品保护工作。

（6）加强成品保护教育，质量技术交底必须有成品保护的具体措施。

（7）建立质量挂牌印章制度。每一处成品标明施工人员姓名，所属单位，实现个人、企业名誉与产品的挂钩，以加强质量管理力度。

第 9 章　工期管理的安全保障

城市综合体项目工程体量大、施工面广、专业分包与劳务分包及施工作业人员多，给安全管理带来了很大的难度，项目部要认真贯彻"安全第一、预防为主、综合治理"的方针，秉承"中国建筑，和谐环境为本；生命至上，安全运营第一"的安全理念，坚持"管生产必须管安全"的原则，落实"一岗双责"，总分包联动，全员安全管理，事事有策划，有资源保障，有验收，有检查，有应急预案，确保项目施工生产安全平稳运行。

9.1　安全管理的原则

（1）严格执行《中华人民共和国安全生产法》等国家安全生产的法律法规。

（2）立足城市综合体的特定环境，以充分发挥公司、项目安全总监的职能作用，实施安全总监委派制，保证安全资金的投入，严格执行国家、地方政府、企业等《建设工程安全生产管理条例》（中华人民共和国国务院令第 393 号）和安全管理制度。

（3）正确处理安全与工期的关系。要坚决做到不安全不生产，越是工期紧的项目越要加大安全投入，越要加强资源保障，越要按程序办理。

9.2　建立安全生产责任制

总承包项目经理是项目安全生产第一责任人，对项目的安全生产工作负全面责任。建立健全各级安全责任制度，明确安全责任目标，层层抓落实，建立安全重要控制点，实施奖罚制度。

（1）与各分包单位签订《建设工程总分包安全管理协议》，明确甲乙双方权力与责任，为安全生产保驾护航。做好工作面的安全防护移交，明确安全责任区，动员各分包共同管安全。并在工地出入口处，将每日危险源、管理措施、责任人张榜公示。

（2）成立由总包、各专业分包及劳务分包安全员组成的安全管理小组及安全检查队。总包安全员为队长，做到有检查、有整改、有监督、有销项、有记录，发现隐患绝不放过。针对群塔作业、深基坑开挖、高支模等高安全隐患的分项工程，召开专家论证会确定方案，施工方案的落实必须由项目经理和总工亲自实施，确保安全生产。

（3）落实三级安全教育，安全教育做到了有计划、有师资、有教案、有记录、有考核。每周至少进行一次安全教育活动，每月覆盖全体人员。

（4）做好安全管理策划。由总包项目经理组织项目部相关人员讨论编制项目安全管理策划。分阶段明确安全管理的重点、难点，并制定相应的措施。

9.3　做好安全管理八个到位

（1）安全策划要到位。抢工的分部分项工程必须进行详细策划并按项目安全策划审批程序报批。危险源识别到位并告知每位作业人员。

（2）专项方案要到位。抢工的分部分项工程必须编制专项方案并按危险性较大分部分项工程专项方案审批程序报批。

（3）方案技术交底和安全交底要到位。抢工的分部分项工程施工前必须由责任工程师对参加施工的作业班组和每位作业人员进行交底，双方签字留档。

（4）责任工程师要到位。包括主体工程分部工程责任师、脚手架工程师、大型起重设备工程师、电气工程师等要配备充足，现场跟进。

（5）安全教育培训到位。抢工的分部分项工程，参加人员必须接受抢工前安全教育，并记录在案；特殊作业人员必须再进行操作规程培训考核。

（6）安全验收到位。实施"样板引路"，加强过程验收，验收要配备必要的检测器具实测实量，不符合要求坚决不予验收。

（7）安全巡查和旁站监督要到位。施工过程中，责任工程师和专职安全管理人员要加强巡查，发现安全隐患立即整改，一时难以整改的要及时向项目经理报告。

（8）应急预案要到位。必须按要求编制应急预案报批，做好应急准备。

9.4　落实安全生产责任制

（1）严格执行《建设工程安全生产管理条例》（中华人民共和国国务院令第393号），实行安全生产全员负责制，落实安全生产的法规、标准、规范及规章制度，定期检查落实情况。

（2）组织实施安全专项方案和技术措施，检查指导安全技术交底。

（3）组织对现场机械设备、安全设施和消防设施的验收。

（4）组织进行安全生产和文明施工检查，对发现的问题落实整改。

（5）负责项目管理人员的安全教育，提高管理层的安全意识。

（6）组织项目部积极参加各项安全生产、文明施工达标活动。

（7）成立总包、分包及各专业分包安全管理人员联合办公室，每周不少于一次安全大检查，并及时将安全检查发现的问题列销项计划，定期定责任单位责任人进行整改。

（8）建立项目危险源管理台账，尤其是重大危险源的识别与标识，并在施工现场做好警示牌，以提醒工人引起重视，同时在每层设置安全检查记录牌，以便于安全管理人员每天将当层检查情况进行记录标示，发现隐患及时整改或制止。

（9）编制安全费用投入计划，确保各专业分包安全措施费用投入到位。

（10）责任区移交，总包将各自责任区的安全防护设备按规范要求全部搭设完毕，材料及垃圾清理完成达到文明施工条件后，双方现场办理移交手续。划分责任区，明确各自管理责任区域，挂牌告示。

(11) 总承包单位每天组织项目各级安全员进行巡查，发现问题及时发出整改通知单，督促整改，每周定期考评打分，对各专业分包、劳务分包进行每月考核评比，实施奖罚。

(12) 编制有针对性的应急预案，成立应急小组，做好应急响应。

(13) 必要时充分利用业主、监理力量及借助当地安检部门的力量。

9.5　安全生产培训制度

为加强和规范安全生产培训教育工作，提高全体员工安全生产意识和素质，防止和减少生产安全事故的发生，减少职业危害，根据相关安全管理条例的规定，制定培训制度。

(1) 新工人入场必须进行总承包项目部、施工区段和班组三级安全教育。安全教育培训由总承包部安全管理部负责，区段由安全管理员负责，班组级由分包单位负责落实，并将培训记录报总包安全管理部备案。

(2) 安全培训教育时间应达到国家有关规定要求，总包部、分包可根据工人素质、施工实际等情况对安全培训教育的时间作适当延长。

9.6　安全生产专项方案计划

(1) 临时用电专项方案计划；
(2) 塔吊基础方案计划；
(3) 塔吊安装方案计划；
(4) 群塔作业方案计划；
(5) 高支模体系方案计划；
(6) 主体模板施工方案计划；
(7) 外脚手架方案计划；
(8) 施工电梯方案计划。

9.7　应急预案及事故、事件报告程序

(1) 依照局、公司及当地相关规定建立应急预案及措施。

(2) 现场无论发生何种规格的大小安全事故，当事人应第一时间通知区段负责人，并逐层汇报上级领导，间隔不得超过 30 分钟。

(3) 生产经理和安全总监得知消息后，根据事故的严重程度，经与项目经理协商，上报相关部门。

(4) 安全事故上报时，上报人必须说清楚事故发生地点、造成伤亡准确人数及伤势情况及发生时间，并要简单说明现场已采取的措施。

第 10 章 工期管理的预、结算保障

城市综合体工程一般在合同中明确规定了详细的付款节点,工程前期融资金额较大(按照付款节点在地下室封顶后才能支付第一笔工程款),科学合理地安排施工进度对工程款的回收尤为重要。因此要求预结算人员随时做好工程盘点,及时确认已完工程量,在与业主委托的过程中审计单位及时核对。为工程款及时回收打好基础。

10.1 综合体工程一般的合同付款条件

10.1.1 地下工程工程款支付

地下结构工程全部施工完毕(含±0.00顶板),经业主、监理公司验收合格后15个工作日内,业主支付承包商地下部分已完工作量的60%。

砌筑、抹灰工程全部完成(除不具备条件的)经业主、监理公司验收合格后15个工作日内,业主累计支付承包商至地下部分已完工作量的65%。

机电工程安装完成,经业主、监理公司验收合格后15个工作日内,业主累计支付承包商至地下部分已完工作量的70%。

10.1.2 公寓楼工程款支付(含底商)

主体结构每完成6层顶板(含第6层),经业主、监理公司验收合格后15个工作日内,业主累计支付承包商上述工程已完工程量的60%。

所有地上单体砌筑、抹灰工程完成,经业主、监理公司验收合格后15个工作日内,业主累计支付承包商至上述工程已完工程量的63%。

外装工程完成(脚手架拆除完毕),经业主、监理公司验收合格后15个工作日内,业主累计支付承包商至上述工程已完工程量的66%。

机电工程安装完成,经业主、监理公司验收合格后15个工作日内,业主累计支付承包商至上述工程已完工程量的70%。

10.1.3 付款至70%以后

(1)单个组团竣工、交付完毕,且承包商向业主提交符合市档案馆归档要求的工程档案资料后15个工作日内,业主累计支付至合同价款的80%。

(2)承包商提供单个组团全部结算资料及合格竣工验收资料,并按业主确定的资料审核程序达到要求,经业主、监理公司和政府质检部门验收达到合同约定后15个工作日内,业主累计支付至合同价款的85%。

（3）业主收到承包商提交单个组团工程竣工资料和误差±5%以内的结算书后，在3个月内业主完成审核，并在双方确认后60个工作日内，业主累计支付至总承包商竣工结算总价的95%。

10.2 合约管理

（1）开工后30日内提出分包商、供应商方计划。

（2）根据分包商、供应商计划节点，各专业提前20天进行采购招议标；拟订招标文件时，由合约部门组织技术、物资、安全等部门进行招标文件的会审，结合图纸、现场实际情况及市场信息，最终确定招标文件，避免与实际不符的招标文件出现。拟选分包人是从公司合格分包商库里挑选的，避免不熟悉的分包队伍进场。选出3家以上分包人进行招标。

（3）分包人投标文件送达后，及时通知总包部相关人员及项目部相关人员进行开标，在成本可控情况下，合理低价中标，避免成本价格亏损。

（4）合同文件制作：在进行分包合同文件的制作前，应了解总包合同中的风险点，尽量将风险点转移至分包，避免我方风险。

（5）合同文件拟订好后，进行合同评审，各相关人员参与意见，最终确定合同文件。

（6）合同签署完成后，及时对项目部人员及分包队伍进行交底，使现场管理人员，清楚分包队伍施工范围，避免造成现场施工混乱。

10.3 商务成本管理

10.3.1 以施工图预算控制成本支出

在项目成本控制中，按施工图预算，实行"以收定支"，或者叫"量入为出"，是最有效的方法之一，比如对人工费的控制。项目部与施工队签订劳务合同时，将该人工费定在合理范围内，同时考虑工期奖励费，能最大限度提高施工队伍积极性。

10.3.2 以施工预算控制人力资源和物质资源的消耗

资源消耗数量的货币表现就是成本费用。因此，资源消耗的减少，就等于成本费用的节约；控制了资源消耗，也等于是控制了成本费用。

10.3.3 应用成本与进度同步进行的方法控制分部分项工程成本

成本控制与计划管理、成本与进度之间要同步。即施工到什么阶段，就应该发生相应的成本费用。如果成本与进度不对应，就要作为"不正常"现象进行分析，找出原因，并加以纠正。

横道图计划的进度与成本的同步控制，通过进度与成本同步跟踪的横道图，可以实现：

(1) 以计划进度控制实际进度；比如施工机械费控制，对确需租用外部机械的，通过进度来控制工序衔接，提高利用率，促使其满负荷运转，这样对实际进度又是个促进。

(2) 以计划成本控制实际成本；在机械租赁费成本上，对于按实际进度完成工作量结算的外部设备，前期做好完整原始记录，各队伍、专业负责人签字，中间如有和实际进度不符、和计划进度偏差很大的节点，需进行重计量，做到核准精确，达到控制成本的目的。

10.4 总包结算

(1) 总承包结算。项目部施工过程中应积极配合甲方，力争保质保量地按节点完成工作，树立良好企业形象。与此同时，项目部要及时和业主沟通，尽量争取进度款的提前支付。

(2) 提前进行进度款计量审计过程，做到已完工程量得到审计确认的时间不得晚于每一个付款节点时间。

(3) 项目部合约人员必须主动、积极的展开工作。在进场后就立即熟悉图纸，尽快计算出相关工程量。项目部可以通过购买相关工程量计算软件来提高工作效率。

(4) 多数项目的结算必须要经过两次审计，首先由项目所在地的分公司委托的审计单位审计，然后由集团总部委托的审计单位进行三审。

(5) 多数项目的结算一般要求在验收之前所有的图纸内的计量（图纸内的结算）工作必须全部完成。

(6) 当工程是三边工程，项目商务部必须要配备足够的预算人员，一般 30 万 m^2 要配备 3 名预算人员，做到分工明细，每人负责的范围划分清楚，一般地下室都是通体的，地下室要配一个专业水平比较高的、工作经验比较丰富的预算员来完成。

(7) 合约造价部配备算量软件，用软件算量既加快了速度，又减少了工作量。

(8) 由于合同约定工程竣工交付后，决算审计完成才能付至结算额的 95%。因此，为了尽快收回工程款，项目部合约人员必须提前把工程量计算完成，并立即跟业主和业主审计单位沟通，并跟踪审计单位审计。

(9) 争取在还未竣工之前把图纸内的结算工作完成，将结算工程穿插到整个施工过程当中，为及时收回工程款提供保障，很大程度上减少了项目的资金压力。

10.5 分包结算

(1) 对于总包方自主招标的分包单位和物资，合约部根据进度计划，制定招标计划和明确的采购流程，通过项目部合同评审，根据采购标价范围分别由公司及项目部审批。既有效地控制了成本，又保障了现场的施工进度、材料、大型机械设备供应。

(2) 审批流程。合约采购部起草招标文件→项目部各部门评审招标文件→项目经理批准→合约采购部组织招标→各部门及相关区域评审投标文件→选定中标单位→合约采购部起草合同→合同谈判→各部门评审合同→项目经理批准→提交公司审批（或授权项目签订）盖章→合同交底→实施。

（3）对甲方指定分包单位的合同审批，总包要与建设单位沟通，在工程招标前，提前介入招标文件的编制与审核，施工单位的资质评审，对于有关项目利益的条款进行预控，保证了项目利益，规避合同风险。

（4）针对分包与劳务结算，工程体量大，工期紧，参加施工的分包及劳务单位多，由于抢工期间分包及劳务队施工的部位界限划分困难，存在着交叉扣工问题，这就给分包与劳务结算带来一定的难度。

1）分包与劳务结算，总包项目部应要求跟业主结算一样，在过程中跟劳务队把工作量核对完，并且做到又快又准，避免后期可能发生的纠纷。

2）公司应针对总分包结算每月召开专题会议，根据项目具体情况提出合理意见并制定项目分包结算节点。项目部保证按公司规定的节点按时报送公司进行二审二核。

3）劳务队过程中的签证工作每个月核对一次，做到施工员、工段长、生产副经理、商务经理、项目经理层层把关签字，这样就能避免由于抢工，后期结算时期时间长忘记了及后期人员调动给劳务结算带来不利因素，也避免了劳务队多签的可能性。

4）对于工期紧张的综合体项目，项目的资金压力很大，节点付款周期长，如期支付工人工资可能有一定的困难，所以存在一定的风险。应及时与劳务公司沟通工资发放事宜，及时规避风险。

第 11 章 工期管理与室外总体

室外雨污管网施工是工程顺利完工的重要环节，是室外景观、正式用水、用电及其他配套设施施工的前提条件，是关系到工程能否顺利验收并交付使用的重要因素。在室外雨污管网施工时应注意以下几点内容：

11.1 尽早介入施工

在主体封顶后，及时介入进行室外雨污管网施工。室外雨污管网是其他各管网及景观绿化施工的前提条件，只有尽早介入施工才能给其他工序创造施工环境。

11.2 见缝插针进行施工

在室外雨污管网施工时，室外场地并未完全交出，不能按照常规从标高高处向标高低处循序施工，只要有空余场地必须从中间开始施工，这样对标高的控制要求就非常严格。因此，必须有专职测量人员配合施工，标高后视点必须严格保护，以保证室外雨污管网的施工质量，避免返工造成的工期损失。

11.3 避开障碍绕道施工

施工时难免会遇到塔吊、施工电梯、脚手架、长期使用的施工场地等影响室外雨污管网施工的因素，及时与设计单位做好联系、沟通。在不影响其他管网、室外景观及自身使用功能的前提下，将室外雨、污管网的施工位置进行调整。

11.4 增加作业面全方位施工

因为没有按照标高进行常规施工，可以设置多个施工班组在不同的区域内进行施工，最后将整个管网打通汇合。

11.5 特殊情况特殊对待

施工时往往会遇到意想不到的特殊情况，应及时加派人手突击施工，将对其他工序所造成的影响降到最低。

遇到管道过路时（主要运输道路），要在通知各区段的前提下在后半夜进行断路施工。挖开后立即铺设管道，砌筑保护墙将管道进行混凝土覆盖保护，再进行回填施工。并铺上路基箱或钢板等加以保护，避免运输车辆通过对管道造成破坏。

11.6　成品保护与疏通排查

在室外管网施工时会与外立面施工、室外景观、绿化施工等同时或先后进行。施工过程中难免会被其他工序所破坏，这时需要派专人对已施工完成的室外管网进行监控，减小损失，毕竟大面积返工意味着工期流失。

在室外景观道路面层施工前需对室外管网进行通水试验，发现问题及时疏通排除，避免在室外景观面层完成后发现管道堵塞、破损等问题导致返工或维修，这样既破坏了室外景观面层又影响了工期。

第 12 章　工期的进度协调与现场管理

城市综合体工程项目以工期为主线实施现场管理，要充分考虑到工程的特殊性，特别是在对总平面布置协调的基础上实施动态管理，从而合理组织，达到缩短工作时间提高工作效率的效果。

12.1　现场管理的基本原则

（1）现场综合管理是保证工程施工顺利进行的基础工作，包括现场总平面规划及垂直运输管理，施工队伍、机械设备和物资的进出场管理以及治安保卫与消防管理等内容。

（2）项目部应根据场地条件或复杂程度，编制专项平面管理方案或在项目管理实施规划和施工组织设计中编制相关内容。

（3）现场综合管理应符合策划为先，责任到人（部门），综合平衡，动态管理，严格执行的原则。

（4）对超高层、大型、特大型群体工程应设平面管理部，对一般工程应设专职协调员，负责总平面管理和垂直运输管理。

12.2　现场总平面管理

（1）项目部应组织对现场的总平面布置进行规划，规划应根据工程施工需要分阶段进行。

（2）总平面管理根据不同阶段和不同需要，结合工程进展情况，对施工总平面布置进行调整、补充和修改，实施动态管理，以满足各单位在不同阶段的场地需要。为施工现场的文明和有序施工提供帮助。

（3）总平面规划应包括以下内容：

1）企业标志、标识的布置；
2）各类施工设施的位置；
3）公共设施的布置；
4）不同施工阶段和专业施工队伍对场地的需求；
5）施工现场的生活区与施工区分开，并采取隔离措施；
6）垂直运输（塔吊、施工电梯等）管理；
7）现场人流、物流的优化布局。

（4）对场地较小，须在建筑物内进行材料堆放时，应组织制定专项管理制度。

12.3 进、出场管理

(1) 总承包项目部应组织制定进出场管理制度。
1) 进入施工现场的人员应符合总包项目经理部的规定；
2) 施工现场宜装设门禁系统；
3) 对进出场的设备、物资实行进出场备案制；
4) 对施工用的设备、设施应实行进场检验制度，不符合安全、质量及使用功能要求的不得进入施工现场。

(2) 设备与物资退场时，应在项目经理部主管部门办理出场单。
(3) 项目经理应指定专人或部门对人员的进出场进行管理。

12.4 现场协调管理

(1) 项目经理应对项目经理部人员明确施工现场的协调职责，明确责任分工。
施工现场的协调内容包括：
1) 车辆进出场协调；
2) 施工工序及施工作业面的协调，包括交叉作业管理与协调；
3) 垂直运输机具的使用分配协调；
4) 平面使用协调；
5) 单位之间的协调。

(2) 项目部应组织制定现场协调管理的措施。
施工现场协调措施包括：
1) 制度管理。通过制定制度、落实制度进行管理协调。
2) 现场协调。对临时出现突发问题，在施工现场及时予以协调。
3) 专题会议协调。召集相关各方，召开专题会议，通过会议进行协商、协调。

12.5 生活区管理

(1) 应指定专职人员负责施工、生活区的管理，宜成立由有关单位人员参加的生活区管理委员会，负责日常管理工作。
生活区的管理应包括以下内容：
1) 卫生管理；
2) 消防管理；
3) 治安管理；
4) 生活设施管理；
5) 食堂管理。

(2) 应定期或不定期的组织对生活区的检查，原则上每周应不少于一次。

(3) 项目部应组织制定生活区的管理措施。
管理措施应采取以下措施：
1) 宿舍内照明采用安全电压；
2) 具备通风、降温和采暖条件；
3) 集中供应开水或设置专门使用电器的房间；
4) 对充电设备进行统一管理；
5) 严禁使用不具备安全条件的电器设备；
6) 具有一定规模的生活区，可实行物业化管理。

12.6　现场文明施工

（1）封闭管理

施工现场四周设置围挡，施工现场内实行封闭管理，出入口均设门岗，负责监督进入施工现场人员佩戴安全帽情况。

（2）现场标牌及宣传栏

在现场入口显著位置张挂"七牌一图"，在场区内适当位置设置宣传栏、黑板报，张挂国旗、公司旗、彩旗、安全文明施工标语。

（3）场区保洁

场区入口设置洗车台，配备冲洗设备，安排专人负责保洁，清理道路积尘、雨水、洒水除尘等，场内垃圾按指定地点堆放。

（4）垃圾清运及材料堆放

垃圾分类并集中密闭堆放，各楼层垃圾应及时通过人货电梯运至地面，再集中清理至垃圾堆放点统一外运，严禁临空抛洒。现场材料码放整齐并挂牌标示，钢筋、模板原材及半成品堆放时底部必须采用木方垫衬。

（5）工完场清

现场施工坚持执行"工完场清"、"谁施工，谁清理"制度，施工完毕及时清理余料、垃圾，禁止随意丢弃，保持良好的安全作业环境。

12.7　绿色施工

（1）严格执行《建筑工程绿色施工评价标准》（GB/T 50640—2010）及《建筑节能工程施工质量验收规范》（GB 50411—2007），多用可再生能源。

（2）进行项目环境、节能和绿色施工的管理策划，编制项目环境、节能及绿色施工管理实施规划。

（3）建立项目环境、节能及绿色施工管理组织机构，制定相应制度和措施，组织培训，使各级人员明确环境保护、节能、绿色施工的意义和责任。

（4）项目应组织实施"节能、节地、节水、节材和环境保护"，即"四节一保"，对污染环境的因素进行控制，制定应急准备和响应措施，预防可能出现非预期的损害，在出现环境事故时,应积极消除污染,并制订相应措施,防止出现二次污染。

(5)项目应对施工现场环境因素进行分析,对于可能产生的污水、废气、噪声、固体废弃物、光污染等污染源采取措施,进行控制。

(6)项目应指定专人按规定有效处理有毒有害物质,禁止将有毒有害废弃物现场回填和混入建筑垃圾中外运处理。

(7)项目应提高能源利用率,对能源消耗量大的工艺、设备和设施制定专项节能降耗措施。

(8)项目经理应定期组织对施工现场绿色施工实施情况进行检查,做好检查记录。

第 13 章 项目收尾与交付管理

13.1 收尾计划

(1) 项目主要收尾管理工作包括项目竣工收尾、项目竣工验收和项目竣工结算等。

(2) 项目竣工收尾工作计划应包括下列内容:

1) 竣工项目名称;

2) 竣工项目收尾工作具体内容;

3) 竣工项目质量要求;

4) 竣工项目进度计划安排;

5) 竣工项目文件档案资料整理要求。

(3) 项目竣工收尾工作计划,可分成两条线编制。一是项目现场施工收尾,主要工作为落实工程实体的收尾;二是项目竣工资料整理。项目竣工收尾工作计划内容应表格化,有关文档的编制、审批、执行、验收程序应明确。

(4) 总承包项目部应制定项目竣工验收计划的目标和要求,并保证在竣工验收工作中这些目标和要求能够实现。

(5) 项目竣工计划目标分为项目竣工总目标要求和项目竣工分目标要求。

1) 项目竣工总目标要求包括:全部收尾项目完成,工程符合竣工验收条件;工程质量经过检验合格,且质量验收记录完整;设备安装经过试车、调试,具备单机试运行要求;建筑物四周规定距离以内的工地达到工完、料净、场清;工程技术经济文件收集、整理齐全等。

2) 项目竣工分目标要求包括:建筑收尾落实到位;安装调试检验到位;工程质量验收到位;文件收集整理到位等。

(6) 竣工前一个半月要成立"销控小组",建立收尾计划,组织收边、收口、收尾等遗留问题工作的排查及落实,每一户都要检查到位并建档。每天必须召开销项会检查落实情况,及时将这部分工作整改落实到位,为顺利交工做好充分准备。

(7) 后期收尾问题多而杂,涉及单位多且相互影响工期,如不及时发现并解决收尾问题将会严重影响工期。因此,总包项目部要及时建立收尾计划。组织总包及分包成立联合排查小组,逐层逐房的地毯式循环排查,详细记录,立即安排处理销项。

1) 编制总包及分包收尾计划实施方案。

2) 通过问题排查制定销项计划,明确"割尾巴"责任单位和责任人,明确整改完成时间。

3) (开业前三个月) 每天召开"销项计划落实专题会"。小问题日查日清,大问题采取24小时连续施工来加快解决。

4)各分包单位领导为第一责任人,亲自落实,拖延严惩。

(8)收尾注意事项

1)总承包土建及初装修完成后(机电安装消防提前穿插)尽可能早的给精装单位提供工作面,工作界面可以带着问题移交,但要制定销项计划。

2)制定开业保障计划成立保障小组,召集所有参建单位每天召开生产协调会,并制订切实可行的消项计划,每天进行筛选销项。

3)精装单位、商业综合体主力店及其他甲指分包应提前进场,尽量做到各工种的提前穿插。

4)交工前现场交叉作业多,加强成品保护、垃圾清理管理并组织安保队。

5)具备工作面移交时应尽快移交给商管单位(特别是做好机房设备等移交)。

6)根据工程需要预备抢工队,交工前1个月组织200人抢工队。

7)总承包项目部应对所有房间编号,逐层逐间进行排查记录,尤其是管井、强弱电间、卫生间、楼梯间等边角部位房间,并编排详细的整改销项计划,逐点排查进行销项,保证工程顺利验收。

13.2 安装收尾

(1)各层卫生间洁具排水管要加管堵,在竣工验收前逐层将卫生间排水管进行灌水、通球试验,提前发现堵管,及时处理,为顺利交房创造条件。

(2)对于甲供材的质量要加强控制。地下室压力排水系统的控制柜、浮球阀、水泵均为甲供材,在施工过程中尽量避免由于浮球阀及水泵质量不佳,造成的返工现象,避免花费大量人力进行调试、维修。

(3)对于公共部分的灯具、开关、插座,必须选择质量值得信赖的品牌。否则,后期会投入大量的人工更换,造成人力及资源浪费。

(4)在混凝土浇筑过程中,加强对预埋管线的成品保护,避免造成后期疏通、穿线困难。

13.3 工程档案及时整理

档案整理工作量大。为按照业主工期要求完成竣工验收、开业或入伙,应提前进行档案资料编制的策划和交底。竣工前一个月,就将竣工资料准备好,并邀请质监站有关人员来现场对竣工资料进行"预检"。查出问题及时修正,以节约验收时间,从而保证工程的竣工备案手续顺利办理。

13.4 交验管理

总承包部应积极进行备案验收的工作以确保项目开业或入伙。但是,××工程的备案验收却不等于工程的交付（××工程商业或酒店项目开业后，合同内的工作内容和大量的维修工作仍在进行，必须在集团管控计划内完成）。

（1）总承包要对系统调试进行统筹部署、统一安排，创造条件保证外电进入。

（2）抓好消防施工、调试、验收关键线路。

1）以消防验收为主线，其他验收穿插进行。召开消防验收专题会，成立消防验收小组，将消防验收与付款挂钩，明确责任分工。

2）所有消防验收相关单位及设备厂家必须无条件配合消防验收，验收过程中积极配合验收部门，做到主管部门需要的资料第一时间提供。

（3）现场验收必须委派相关专业人员进行全程跟踪，每个专业必须配备3~5个工人，将现场提出的问题在第一时间整改。

（4）竣工备案前所有的验收并不仅仅是总承包要做的，要发挥各分包的作用，积极配合做好各项验收工作。特别是消防电梯提前安装并验收以保证室内垂直运输。

（5）做好验收相关资料的整理归档工作。

（6）工程施工交工资料的内容应包括：工程施工技术资料，工程及设备、材料质量保证资料、工程检验评定资料、工程变更文件、竣工图及规定的其他应交资料。

13.5 交付与维修

城市综合体项目的维修不是传统意义的维修，所有项目必须经过地区商管公司验收后报集团验收。工程最终交付是在集团质检部验收后，由项目管理公司报请集团商管公司总部进行交付，未能通过验收或交付的，集团可以暂停工程款支付。

（1）竣工验收交付使用之后，和商管公司（物业公司）、小业主做好沟通、协调工作。

（2）要将商管公司（物业公司）、小业主提出的属于我单位保修范围的质量缺陷进行汇总，编制销项计划。提前准备维保施工队，专人对接并及时进行修复。

（3）做好移交销项和交付相关资料的整理工作。

（4）发挥总承包协调作用做好工程收尾交付工作。

13.6 回访与保修

（1）总承包项目部在工程竣工后应配合企业管理层办理"回访保修委托书"，将工程使用说明书及有关技术资料向企业管理层移交。

（2）项目经理应配合企业进行工程质量回访、保修工作。

（3）回访保修职责。工程回访保修由公司工程管理部组织实施，原项目经理部负责协助。维修一般由原施工的项目经理部和有关专业分包单位负责，原施工项目部解散时，应由公司工程管理部指定维修单位。

(4) 工程保修的范围和期限按合同规定和《建筑工程质量管理条例》(中华人民共和国国务院令第 279 号)、《房屋建筑工程质量保修办法》(中华人民共和国建设部令第 80 号)执行。

(5) 维修人员应作好维修记录,维修完毕经检验合格后提请业主验收并签署意见。维修记录报公司工程管理部保存。

(6) 项目经理在工程保修期结束后应配合企业收回质量保修金并终止合同。

附:

工程项目业主满意度调查

尊敬的业主,您好:

　　为帮助企业提高履约能力,为您提供更加优质工程和满意的服务,请您在百忙之中费心填写以下《调查问卷》(请在满意、基本满意、不满意三项中选一项进行"打钩",如选择不满意,请说明原因)。在此对您的支持深表感谢!我们将对您的个人资料和建议予以严格保密。请在×月×日前以邮寄的方式送至××单位。

地　址:　　　　　　　　　　　　　　　邮编:
联系人:　　　　联系电话:　　　　　　　传真:

1. 工程管理总体满意度:　　□ 满意　□ 基本满意　□ 不满意;
　　不满意原因:—————————————;

2. 工程进度满意度:　　　　□ 满意　□ 基本满意　□ 不满意;
　　不满意原因:—————————————;

3. 工程质量满意度:　　　　□ 满意　□ 基本满意　□ 不满意;
　　不满意原因:—————————————;

4. 工程安全满意度:　　　　□ 满意　□ 基本满意　□ 不满意;
　　不满意原因:—————————————;

5. 成本管理满意度:　　　　□ 满意　□ 基本满意　□ 不满意;
　　不满意原因:—————————————;

6. 劳务管理满意度:　　　　□ 满意　□ 基本满意　□ 不满意;
　　不满意原因:—————————————;

7. 机械设备管理满意度:　　□ 满意　□ 基本满意　□ 不满意;
　　不满意原因:—————————————;

8. 现场总平面管理满意度:　□ 满意　□ 基本满意　□ 不满意;
　　不满意原因:—————————————;

9. 现场文明施工满意度:　　□ 满意　□ 基本满意　□ 不满意;
　　不满意原因:—————————————;

10. 总承包管理满意度:　　　□ 满意　□ 基本满意　□ 不满意;
　　不满意原因:—————————————;

11. 项目经理满意度:　　　　□ 满意　□ 基本满意　□ 不满意;

不满意原因：——————————；
12. 项目生产经理满意度：□ 满意　□ 基本满意　□ 不满意；
　　不满意原因：——————————；
13. 项目总工程师满意度：□ 满意　□ 基本满意　□ 不满意；
　　不满意原因：——————————；
14. 项目安全总监满意度：□ 满意　□ 基本满意　□ 不满意；
　　不满意原因：——————————；
15. 项目管理班子总体满意度：其中：敬业精神　业务能力　班子搭配是否合理等
　　　　　　　　　　　　□ 满意　□ 基本满意　□ 不满意；
　　不满意原因：——————————；
您认为作为总承包管理单位在哪些方面需要进行改进？
_____
_____
_____
_____

　　　　　　　单位签章：
　　　　　　　项目管理负责人：_____
　　　　　　　负责人联系电话：_____

第 14 章 工 程 实 例

14.1 济南某商业广场工期管理

14.1.1 工程概况

1. 总体简介

总体简介见表 14-1 所列。

总 体 简 介　　　　　　　　表 14-1

序号	项目	内容
1	工程名称	济南某商业广场
2	工程地址	济南市
3	投资性质	商业地产
4	主要用途	商业、娱乐餐饮、五星级酒店、办公楼一体的城市综合体
5	主要功能指标	独栋办公楼区车位地下 394 个，20 套商铺，496 间办公室
6	规划许可证号	建字第××号
7	设计工程号	济房建图审（2009）第××号
8	合同额	商业综合体造价 7.5 亿元，独栋区域造价 2 亿元
9	合同质量目标	合格
10	合同开、竣工工期	总工期：2009 年 6 月 18 日～2011 年 6 月 15 日
11	实际开、竣工工期	独栋办公楼区：2010 年 3 月 20 日～2011 年 9 月 30 日
12	占地面积	综合体总占地面积 5.7 万 m^2，独栋区占地 1.3 万 m^2
13	建筑面积	总建筑面积 37 万 m^2、独栋办公楼区 10.45 万 m^2
14	结构类型	框架结构，独栋办公楼为框架-核心筒结构
15	建筑类型	商业楼
16	建筑高度	商业区、酒店及独栋办公楼塔楼高度 105.8m
17	建筑层数（地上/地下）	商业区地下 2 层、裙房 5～7 层、塔楼 24 层，独栋办公楼区地下 2 层、局部 2 层、裙房塔楼 26 层
18	群体工程	整个商业综合体地下室贯通，基坑东西长 450m，南北宽 120m；独栋办公楼位于中间部位 120m 范围内，详见图 14-1
19	其他	商业区综合体整个地下单层面积 4.5 万 m^2，商业酒店区裙楼 3～5 层、地上 3 栋塔楼；独栋区地上 2 栋塔楼，详见图 14-1

图 14-1 中靠下一排五栋单体为济南某商业广场工程,右侧有裙楼区为大商业区、左侧一栋虚线楼为五星级酒店,中间两栋南北错开的为独栋办公楼。

图 14-1 济南某商业广场

地理位置条件:

本工程地处中纬度地带,属北温带湿润大区鲁潍区,为温暖半湿润季风性气候,春季干燥少雨,夏季炎热多雨,秋季天高气爽,冬季寒冷干燥。

气温:济南市气温 7 月最高,1 月最低,年平均气温为 14.3℃,累年极高气温为 42.5℃,极低气温为 -17.9℃。

降水量:济南市年平均降水量为 669.30mm,年最小降水量为 320.70mm,年最大降水量为 1283.46mm,累年月最大降水量为 504.50mm,一日最大降水量为 298.4mm,一日最大降雪量为 190mm,一年中降水主要集中在 6~8 月份,多以暴雨形式降落。

蒸发量:月平均蒸发量 1 月份最小 61.10mm,6 月份最大 340.3mm,年蒸发量 2263mm。

风速与风向:济南地区以东风和东西风为主,累年极大风速为 33.3m/s,最大月平均风速为 26.3m/s,最小月平均风速为 1.0m/s。

冻土:年间最早冻结日期为 12 月中旬,最晚为来年的 2 月中旬,一般在一月上旬开始冻结,最早解冻日期为 1 月上旬,最晚为 3 月上旬,平均为 2 月上旬,最长连续冻结日数为 81 天,最短冻结日数为 13 天,平均连续冻结日数在 30 天左右,最大冻土深度为 0.44m。

2. 建筑设计概况

建筑设计概况见表 14-2 所列。

建筑设计概况　　　　　　　　　　表 14-2

序号	项目	内容
1	总建筑功能	商业、酒店、办公楼
2	总建筑特点	群体建筑、基坑贯通、地下裙楼单层面积较大、高层单体较多;住宅

续表

序号	项目	内容			
3	商业综合体建筑面积	商业综合体总面积	37万m²	总占地面积	5.7万m²
		独栋办公楼面积	10.4万m²	独栋区占地面积	1.3万m²
		综合体地下室面积	9万m²	综合体地上面积	28万m²
		独栋区地下面积	2.1万m²	办公楼地上面积	8.3万m²
		独栋标准层面积	1580m²	独栋裙房面积	0.16万m²
4	独栋层数	地上26层		独栋地下	二层
5	独栋办公楼建筑层高	地下部分层高	地下1	塔楼部分6.95m，车库6m	
			地下2	5.1m	
		地上部分层高	首层	5.1m	
			设备层	无	
			标准层	3.75m	
6	独栋办公楼建筑高度	±0.00标高	34.5m	室内外高差	0.95m
		基底标高	−12.75m	最大基坑深度	14.5m
		檐口高度	100.25m	建筑总高	105.8m
		外墙装饰	北半部真石漆外墙、南半部石材幕墙		
		屋面工程	3mm厚SBS改性沥青防水卷材两道		
7	独栋办公楼机电安装配置情况	消防	办公区、公共区及地下室均配备消防烟感、报警、喷淋系统及消防箱系统		
		空调	办公区、公共区配置新风及风机盘管；地下室只配置新风系统		
		强弱电	配置照明、网络、门禁、有线电视、泛光		
		上下水	重力排水、自来水给水系统		
8	独栋办公楼内装修	顶棚	办公区矿棉吸声板吊顶、公共区石膏板吊顶		
		地面工程	600mm×600mm防滑地砖、电梯前室石材地面楼梯间铺石材		
		内墙	内墙腻子乳胶漆面层、电梯前室干挂石材		
		门窗工程	甲级防火门、办公室三聚氰胺木门		
			隔热断桥铝双层玻璃窗		
9	独栋办公楼防水工程	底板/地下室外墙	3mm厚SBS防水卷材两道		
		厕浴间	JS防水涂漠		
		屋面防水等级	Ⅱ级		

3. 结构设计概况

结构设计概况见表14-3所列。

4. 工程范围

按业主招标文件要求，项目范围内的工程均包括在总承包商工作范围内，包括：总承包商施工的工程、总承包管理、暂定工程、指定供应、指定分包、独立分包施工的工程等，总承包商需要对上述范围内的工程质量、进度、安全等方面承担全部责任。

结构设计概况 表14-3

序号	项 目	结构形式	内 容	备 注
1	独栋办公楼结构形式	基础结构形式	2.8~4.2m厚筏板基础	办公楼
		主体结构形式	框架-核心筒	
		屋盖结构形式	混凝土结构	
2	独栋办公楼土质、水位	基底以上土质分层情况	杂填土、黏土、残积土	
		地下水位	地下承压水	
			滞水层	
			设防水位32m	
		地下水质	对混凝土无腐蚀性	
3	独栋办公楼地基	持力层以下土质类别	全风化闪长岩	
		地基承载力	7500kN	
4	独栋办公楼地下防水系统	混凝土自防水	C40P12	
		材料防水	3mm厚SBS改性沥青卷材两道	
5	独栋办公楼混凝土强度等级	基础垫层C15	隔墙构造柱、轻隔墙过梁等非主体结构	C25
		基础筏板	C40P12	梁、板、楼梯C30~C40
		核心筒及框架柱	C40~C60	
6	独栋办公楼抗震等级	工程设防烈度	7度	
		框架抗震等级	三级	
7	独栋钢筋类别	剪力墙抗震等级	四级	
		非预应力筋及等级	三级	
8	独栋办公楼钢筋接头形式	等强直螺纹接头	底板、框架柱及框架梁	
		搭接绑扎	核心筒剪力墙及板	
9	独栋办公楼结构断面尺寸	基础底板厚度	办公楼2.8~4.2m 车库0.4m	
		外墙厚度	地下室400mm、地上200mm	
		内墙厚度	200mm、100mm	
		柱断面尺寸	800mm×800mm~1200mm×1200mm	
		梁断面尺寸	400mm×600mm~900mm×2100mm	
		楼板厚度	120~150mm	
10	独栋办公楼楼梯、坡道结构形式	楼梯结构形式	现浇混凝土结构（商铺钢楼梯）	
		坡道结构形式	现浇混凝土结构	
11	独栋区结构混凝土工程预防碱集料反应管理类别		Ⅱa类	

(1) 总承包商施工的工程

1) 土方工程、基坑支护工程、降水工程、桩基工程及抗浮锚杆；

2) 地下室结构工程；

3) 主体结构工程；

4) 室内粗装饰工程;

5) 外装饰工程(面砖、涂料部分);

6) 常规水电工程;

7) 红线范围内室外雨、污水工程。

(2) 总承包管理(包括但不限于)

1) 建造及提供公用的临时工程和设施给各指定分包、独立分包使用;

2) 本工程项目内,管理、配合、协调指定分包、指定供应、独立分包的工作,并负责办理竣工验收;

3) 总承包商协助业主办理施工许可证、质检、安检、竣工备案以及与本项目有关的其他政府手续。

(3) 指定分包施工的工程

钢结构制作及安装工程;防水工程;室内精装饰工程;室外泛光照明工程;通风空调工程;弱电工程;消防工程;幕墙工程。

(4) 独立分包施工的工程

市政、热力、燃气、电信、电力等公用事业工程,园林景观工程。

(5) 业主指定供应的材料和设备

1) 供应及安装部分

铝合金(或塑钢)门窗、防火门、防火卷帘、防盗卷帘、入户门、人防工程门及检修门、阳台栏杆、虹吸雨排、电梯、锅炉、LED显示屏、柴油发电机等。

2) 仅供应部分

外墙砖、外墙涂料、乳胶漆、空调主机、复合风管、空调末端、风机、冷却塔、水泵、主要阀门、卫生洁具、应急电源、动力/照明配电箱、消防报警设备、散热器、封闭母线、电缆、人造岗石、变压器、断路器等。

3) 甲限乙供材料、设备

土建部分:楼梯防滑条、室外铸铁格栅盖板、屋面及外墙保温材料、防腐材料;

给水排水部分:管材及管件、保温材料;

电气部分:桥架、灯具、开关、插座、管材及管件、电视/电话箱。

5. 工程特点及难点

(1) 工程特点

1) 本工程地处闹市区,独栋办公楼区域场地面积只有1.63万 m^2,地下室基坑占地面积1.3万 m^2,南侧场地15m宽120m长(1800m^2布置南楼钢筋、木工加工区,两个大门,门卫,养护室,一级箱),北侧场地10m宽120m长局部18m宽(1500m^2西侧设置现场办公室、工人宿舍各一栋占地6m×70m,一级箱一个,北楼材料进场周转区及混凝土浇筑区20m×30m),材料进场受交通禁行影响较大。

2) 由于前期拆迁原因,独栋办公楼比合同晚开工8个月,但业主交房时间只推迟3个月,整体工期缩短长达5个月,工期较为紧张。

3) 独栋办公楼为济南××大商业区群体工程的一部分、整个大商业区地下室为东西450m南北120m贯通大基坑,独栋办公楼东临大商业一期,北侧为现场办公室及工人宿舍，西侧为鲁能大厦（保留13层建筑物）及酒店裙房，南侧距经四路只有15m，施工场地非常狭窄。

4）由于独栋办公楼开工时间只比西侧大商业区晚4个月，办公楼开始主体施工时，整个大商业区也在大面积施工主体，30多万 m^2 结构同时施工，施工人员、机械、材料、资金等投入非常之大。

5）由于受基坑西侧保留建筑影响及东侧商业区塔楼1.1万 m^2 的地下室结构，只能布置两台塔吊，且塔吊大臂受已有建筑物影响只能分别布置50m及45m长，地下施工垂直运输的影响及压力较大。

（2）施工难点

1）施工场地小、周边环境复杂，总承包管理协调任务重。

2）工程款支付条款比较苛刻，支付比例较低，工程资金比较紧张。

3）本工程基坑开挖深度较大，最深处达到14.5m，地下水位较高，基坑西南侧距13层保留建筑间距只有4.2m，西北侧为酒店裙楼（后开挖作场地），北侧为办公楼及工人宿舍，东侧为已施工商业区建筑，南侧为经四路不允许外放坡开挖，土方开挖施工难度较大。

4）独栋办公楼工程主楼底板为2.8~4.2m厚大体积混凝土筏板结构，32钢筋含量每栋主楼筏板就达到700t左右，因此无论从钢筋绑扎还是混凝土的浇筑来看，基础的施工都是本工程的重点和难点。

5）由于独栋办公楼周边无法形成环形道路，只能靠四个大门进出材料，材料的进出场受很大制约（详见基础阶段平面布置图）。

6）由于拆迁原因独栋办公楼开工较晚（主楼垫层完工在5月4日），但业主要求2011年11月18日商业区开业时独栋办公楼外墙工程必须基本完成，从垫层开始施工到结构封顶且外幕墙基本完工只留了6个半月的时间，工期非常紧张，幕墙必须提前穿插进入，幕墙如何提前穿插作业又是一个难题。

7）由于整个商业综合体面积在37万 m^2，结构又基本同时施工，施工人员高峰期达到2500人，在工程地处商业密集区，现场极其狭窄的情况下，能否解决工人生活问题也是影响工程进度的重要因素之一。

14.1.2 目前已取得的成果

某商业综合体工程合同工期为2009年6月18日~2011年6月15日，合同工期为723天；独栋办公楼实际开工日期为2010年3月20日，竣工日期为2011年9月30日，总日历天数为560天，工期提前163天。

其他成果如下：

（1）商业广场独栋办公楼，由于前期拆迁原因开工日期有所拖后，为加快整体施工进度，经与建设单位协商后，将原设计的钢筋混凝土灌注桩变更为预应力抗浮锚杆，并采用了半逆作法进行施工，先预埋套管，待−2层结构完成并拆模后，在结构施工的同时施工抗浮锚杆，大大节省了工期。

（2）独栋办公楼主体施工从2010年4月28日开始施工基础筏板，2010年6月8日

±0.00封顶，基础历时42天，地下室含人防结构平均14天一层；塔楼从2010年6月9日开始施工，2010年9月26日主体封顶，塔楼主体工程历时121天，塔楼结构平均4天一层，顺利按业主要求完成任务。

（3）为配合商业区开工，办公楼外装提前进入，外架施工时提前调整方案，预留幕墙施工空间，幕墙龙骨的焊接在外脚手架内开始施工（14层以下模板拆除15层硬防护完成后插入施工），在主体完成50天时间内，外装石材、涂料及外窗工程大面积基本完成。

（4）为确保商业区能顺利开业，我方积极组织人力、物力，合理组织流水作业及穿插作业，在室内装修还有大量材料需进场的情况下，利用短短55天将室外1.3万m^2室外广场的回填、市政、铺装、绿化及旱喷等顺利完成，并将原计划90天完成的1800m^2亚洲最靓天幕，在合理组织材料定制、加工及进场、调配人员加班、24小时机械配合的前提下仅用45天就施工完毕。

（5）为加快施工速度，确保工程质量，顺利通过质监站验收，经过项目部全体人员的共同努力，最终将原设计中的地下室普通涂料内墙变更为安石粉内墙；塔楼内加气块隔墙变更为ALC轻质混凝土板墙；将主楼原有普通水泥砂浆抹灰变更为粉刷石膏抹灰；办公室内涂料顶棚变更为矿棉板吊顶；办公室内水泥压光地面变更为地板砖地面；办公室内所有窗户经协商后变更增加了成品窗套；所有水泥压光楼梯间地面改为了大理石石材地面；同时还将机房内岩棉板变更为穿孔装饰吸声板；将屋面细石混凝土找坡改为了泡沫混凝土找坡；在节省了工期、保证了质量的同时，还为项目部创造了可观的利润。

（6）装饰施工前，提前组织各安装装饰队伍技术人员提前进行综合排版，并在4层进行了样板层的施工（4层二次结构完成后即展开样板层施工），为后期装饰施工大面积的展开奠定了坚实的基础，最终比业主要求的提前一个月达到竣工验收条件。

（7）进度阶段量化情况见表14-4所列。

进度阶段量化情况　　　　　　　表14-4

序号	里程碑节点	控制要求	济南独栋办公楼实际	备注
1	开工－土护降完成	1.5～3.5个月	2.5个月	
2	地下结构完成	2个月	2个月	
3	裙楼结构完成	2个月	2个月	
4	裙楼上部结构完成	5个月	4个月	
5	地下室砌筑	2个月	2个月	相互交叉
6	地下室机电	2个月	2个月	
7	裙楼砌筑	2.5个月		相互交叉
8	裙楼一次机电	2.5个月		
9	塔楼二次结构	2.5个月	3.5个月	
10	塔楼精装及机电	6个月	6个月	

续表

序号	里程碑节点	控制要求	济南独栋办公楼实际	备注
11	外装修工程	5个月	5个月	
12	市政工程	2.5个月	2个月	
13	总工期	18～20个月	18个月	

14.1.3 施工部署

1. 施工组织

为做好该工程总包管理,项目部在总结以前总包管理经验的基础上,多次到类似工程去实地考察,借鉴其先进经验,吸取其失败教训,措施如下:

(1) 有针对性地提高项目部管理人员的总承包管理意识尤其是工期管理意识

多次组织项目部主要管理人员对天津某工程、石家庄某工程等类似工程进行实地考察、交流、学习,深刻了解了同类城市综合体工程模式的特点及应对措施:拆迁占用时间多,工程为边规划边设计边施工,但总工期固定、工期后关门;不讲任何理由必须完成任务,为满足工期目标要求资源投入无限大。

(2) 明确管理思路

以实现合同工期目标为目的,遵循业主对工期管理的实际要求,以"过程控制,纠错补差"为原则,以总包管理为基础,以销项计划、节点控制计划为技术手段,通过开展各种争优创先活动实现工期目标。

(3) 制定工期管理目标及保证措施

业主要求2010年11月20日大商业开业时独栋办公楼外装必须完成,经与公司领导协商后,本着业主的要求就是我们的使命的原则,通过优质劳务队伍选择、技术方案优化(加大外架外挑距离、幕墙提起穿插架内施工)、合理组织施工流程等方案的研究策划,制定了衔接性非常强的计划及保证措施,最终克服困难确保了工期目标的实现。

(4) 编制管理流程,明确管理要素

根据公司丰富的总包管理理念,借鉴其他大体积项目尤其是类似项目的施工经验,结合工期目标和业主要求,编写了独栋办公楼工期管理流程,提炼工期控制要点,用于指导该工程的工期管理。明确的管理要素有利于在工作中抓住重点。

(5) 实施过程控制,逐级分解工期计划,严格目标管理

在施工管理过程中,制定一系列工期管理制度和工期管理措施,积极采用先进的管理手段,尤其是业主的销项计划,通过实施严格的过程管理和过程控制,遵循当日事当日毕的工期管理理念,且每项工作从项目部到劳务队到班组明确责任人,确保了工期目标的实现。

2. 主要管理模式

(1) 主要管理机构

由于济南某商业总建筑面积约37万m^2,且同时大面积展开施工,为更好地控制各分段质量,我项目部结合现场实际情况将整个大商业区分成四个标段进行独立管理,每

段设置独立的管理班子,独栋办公楼项目管理机构如图 14-2 所示。

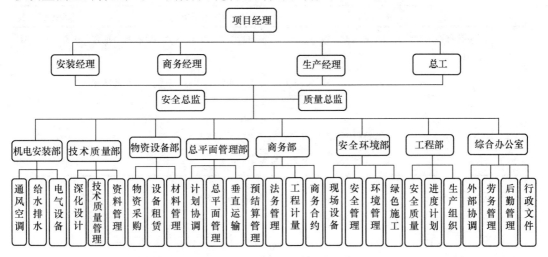

图 14-2　项目组织机构图

注：技术质量部、物资设备部、商务部、安全环境部、工程部
每标段独立设置管理人员,以确保有针对性的管理。

(2) 标段项目经理部主要管理人员分工

标段项目经理部主要管理人员分工见表 14-5 所列。

独栋办公楼项目经理部主要管理人员分工一览表　　　　表 14-5

序号	职务	现场职责分工
1	独栋办公楼项目经理	独栋办公楼项目经理全面负责（总计划、月计划、主要材料计划、劳务用工计划、总体施工部署的编制,安全文明施工、平面规划管理、成本控制、工人生活区管理及各项工作安排及工作落实情况的监督等,要求工作安排详细明确、落实到人,每天检查巡视要有照片）
2	项目部总工程师	负责整个项目的技术管理、技术指导,工程竣工验收
3	独栋办公楼技术负责人	独栋办公楼技术、质量工作管理及控制（管理制度,技术、质量方案及措施编制;样板验收,质量奖惩制度的制定;质量通病控制及技术质量落实情况的监督等）
4	主管工长	独栋办公楼现场施工安排、文明施工安排、日常文明施工维护、安全检查整改、周计划编制、周用工计划编制、材料计划、工程质量等管理手册中主管工长职责权限内工作（如施工电梯的安排、临时用水用电的协调、材料使用控制、安全隐患的整改、施工配合及交接的协调、经济签证办理等）
5	(实习) 工长	协助主管工长工作
6	质检员	独栋现场质量管理、巡查及指导等
7	安全总监 (整个商业区)	全工地安全管理（隐患的发现及指导、重大危险源的控制）
8	安全员	独栋办公楼安全监督（安全隐患控制点详见安全隐患平面图）

续表

序号	职务	现场职责分工
9	主管材料员（整个商业区）	全工地材料管理（平面规划、主要材料控制如粉刷石膏、地砖、矿棉板、龙骨如何控制详细措施）
10	材料员	独栋办公楼材料进场及堆放管理（详见装饰阶段现场平面布置图）
11	预算员	独栋计划、成本分析、签证办理
12	库管	材料库房及收发管理
13	电工	独栋办公楼临时水电管理

3. 总平面管理

总平面管理如图 14-3～图 14-5 所示。

根据施工总平面布置及各阶段布置，以充分保障阶段性施工重点，保证进度计划的顺利实施为目的。在工程实施前，制定详细的大型机具使用及进退场计划，主材及周转材料生产、加工、堆放、运输计划，同时制定以上计划的具体实施方案，严格执行、奖惩分明，实施科学文明管理。

必须严格控制现场平面管理，施工前进行总体规划布置，以确保道路畅通，对不在规定范围内乱放的材料，一律没收，从严管控。

（1）施工现场场地条件

本工程地处济南市中区，北侧为项目部办公室及工人宿舍，东北角可通过某路材料进场，西侧为原有小高层鲁能大厦及济南某酒店裙楼，南望经四路，基坑边距路边 15m 可作 3 号楼场地，东侧基坑贯通到大商业一期，现场无法形成环形行车道路。

由于 4 号（C）楼现场无施工道路及场地，为确保 4 号办公楼基础及主体施工，酒店裙楼拖后施工，在 8 月底开始挖土，酒店裙楼位置用做 4 号楼临时通道及场地。

（2）施工现场总平面布置

1）独栋办公楼总体布局

① 施工现场利用广告围挡进行了全封闭管理施工，根据周边道路情况，独栋办公楼在经四路东南角及西南角分别设置了一个大门，在西侧纬一路酒店裙楼位置设置一条通道，在北侧与大商业区交界处万达路上设置了一个出入口，3 独栋办公楼共设置 4 个出入口，以满足材料的进出场及混凝土浇筑要求，每个出入口均设置专门的门卫进行出入管理，出口处均设置一定大小的洗车台及沉淀池，以保证施工现场出去的车辆干净，不污染周围道路。

② 下水布置：沿南面、西面及北面通道边设置排水沟，排水沟截面尺寸为 500mm×300mm，在端部出水口位置 3 个沉淀池，沉淀池尺寸为 1000mm×1000mm×1200mm，排水沟设 5‰排水坡，现场雨水及地下水经沉淀后，从西南角排入经四路市政管网，地下室降水管线也是从西南角汇集后排入经四路市政管网。

③ 上水及消防用水布置：将建设单位提供的临时施工水源在场区内沿排水沟及车库顶板上用 ϕ100 钢管焊接，再在主供水线路上引出每幢楼的支供水线路，先供应到每

14.1 济南某商业广场工期管理 | 93

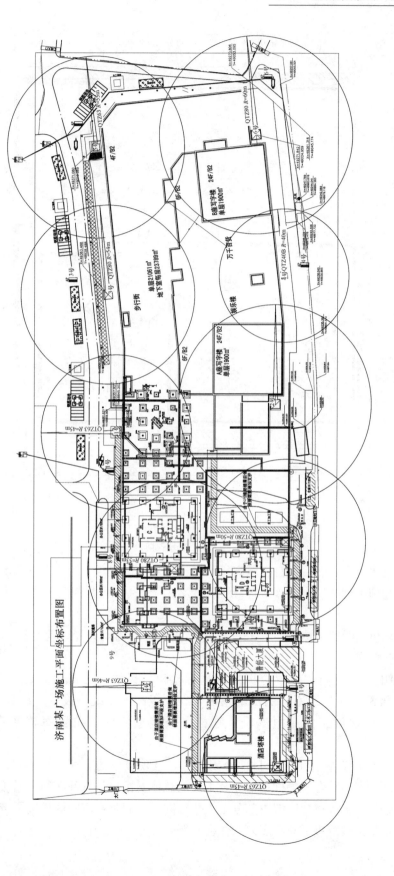

图 14-3 商业广场总平面管理

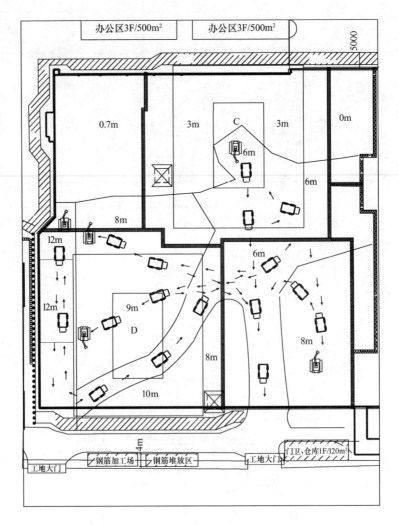

图 14-4　独栋办公楼土方开挖阶段平面布置图

栋楼的临时水箱内，然后用自控压高压水泵将自来水送到楼上，楼上自来水管线随同结构主体一起施工到楼顶，上楼水管管线直径不小于 $\phi 80$，满足消防要求，每层设置消火栓一个。

在现场供水线路上按照不大于 50m 的距离布置现场消火栓，满足施工现场的在平面内的消防要求。

④ 用电布置：由建设单位提供的电源接出，设置一级配电，在一级配电控制下设置二级配电箱控制不同的用电系统，在二级配电系统下设置三级配电控制各种用电设备，确保施工的用电安全。独栋办公楼主体施工阶段每栋楼设置两个一级箱。

⑤ 临时设施布置：由于项目地处闹市区，且现场较为紧张，根本没有空地可用，经现场实际考察，结合现场拆迁情况及工程的总体安排，项目部在酒店裙楼位置搭建临时施工办公区及工人宿舍区解决部分工人住宿问题，同时在市中区租赁了济南宾馆（已停业宾馆）整栋楼解决了 600 多人的住宿问题。

14.1 济南某商业广场工期管理 | 95

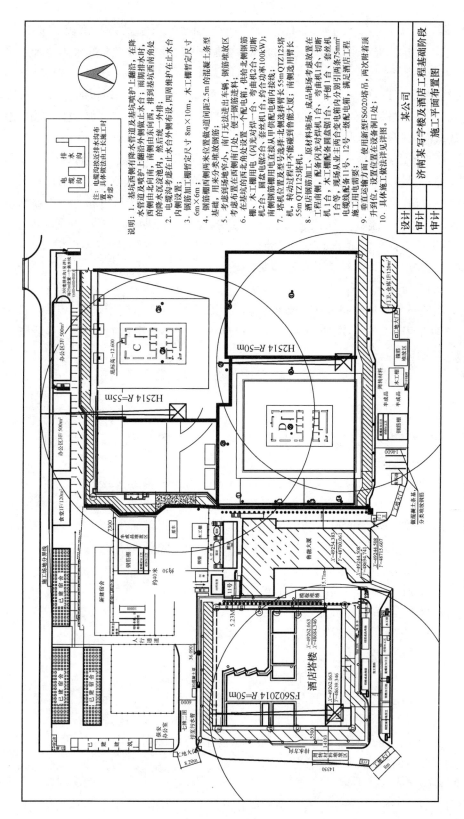

图14-5 独栋办公楼基础及主体施工阶段现场平面布置图

本身施工现场可以利用的空间已非常狭小,加之地下室土方开挖较深采用1∶0.3放坡开挖,这样一来,现场可利用的场地就更加紧张。钢筋加工车间及木材加工区的布置:南楼利用基坑南侧经四路边上空闲场地作为加工车间及堆放场地;北楼在楼西侧酒店裙楼处设置临时材料加工及堆放区。当地下室施工至±0.00顶板时,立即对外墙进行回填,打通道路将主体结构的加工车间及材料堆放场移至地下室顶板上,按照地上结构分布位置,在两栋楼西北侧广场位置设置加工车间及堆放场地。

⑥ 堆场布置:为减少材料的二次运输,脚手架钢管、模板、钢筋等堆场根据各单体工程的使用量,分别在各单体工程邻近的场区设置。主体结构施工期间,在已完工地下室顶板上设置临时堆场;装饰工程施工期间,人货电梯周边就近布置各种材料堆场。

⑦ 施工通信设施:为保证各方面的信息畅通,施工期间,现场开通电话、网络,对讲机若干部,最大限度满足施工需要。

2)独栋办公楼地下结构施工阶段临时设施布置

① 施工临时供电

A. 对地下室基坑配备9个二级配电箱,2个电箱供塔吊使用,3个供加工厂使用,2个供照明使用,2个供现场使用。其他根据用电大小情况进行配置,满足施工需求即可。

B. 沿基坑四周每50m搭设灯塔保证基坑照明,并配备足够的太阳灯帮助局部照明。

② 施工临时供水

本工程地下室基坑面积大,分别按30~50m左右设置水龙头,满足施工。

③ 施工机械布置

本阶段施工机械布置兼顾主体施工的需要,两栋独栋办公楼各布置了QTZ25/14塔吊1台,基本能保证覆盖整个地下室,满足垂直运输的需要,减少二次倒运;塔吊受周围高层建筑的影响,臂长分别为50m及55m,塔吊覆盖面积大大减少。基础施工阶段由于大面积同时展开,现场临时调用25t汽车吊两辆在现场补充垂运。

④ 施工临时排水

基坑施工中,基坑沿周边设置排水明沟,明沟间隔30m设集水坑,再用潜水泵抽出地面截水沟,经沉淀池沉淀后排入污水管网。

3)独栋办公楼上部结构施工阶段的临时设施布置

① 施工机械布置

A. 地上结构施工,垂直运输主要由各部位塔吊负责完成。

B. 为方便施工,解决施工人员、零星材料和小型设备上下运输,主体施工到4层后(一层拆模后),每栋楼安装人货两用施工电梯一部,随结构升高。

C. 独栋办公楼共配置了两台车载混凝土泵供两栋楼同时使用,每栋楼两套垂直混凝土泵管在楼面预留洞上穿各楼层。

② 各层楼面电箱布置

楼层内按照每3层设置一台二级配电箱,每3层之间的楼层采用移动配电箱来解决施工用电。电箱电缆线从结构预留洞口随着进度向上升,每层用电通过二级电箱拉接各流动小电箱进行施工,电缆通过洞口时,用抱箍及膨胀螺丝把电缆固定在混凝土结构上。

③ 各层楼面水管布置

为满足各层施工用水,保证高层施工安全,在地下室顶板上采用一台120m扬程的水泵,由水泵接出一个$\phi 80$的立管,由$\phi 80$立管在每层分解出$\phi 50$支管,在立管就近设置消防箱一个,同时设置1只$\phi 25$的施工用水龙头,水泵由项目部水工统一管理,水泵用自控压系统进行控制,楼层施工用水,用橡皮管。

(3) 独栋办公楼装饰、安装施工阶段的临时设施布置

装饰、装修施工阶段垂直运输主要使用人货电梯,材料进场临时堆场易靠近物料提升机附近堆放。

由于装饰阶段材料种类多、进场量大,为确保重点材料的及时进场,结合施工电梯的使用安排情况,对材料的进出场进行综合控制,确保材料到场后24小时内必须上楼,绝对不允许出现材料进场后长期堆放占用场地的情况,为后续材料的进场提供条件(与业主沟通,租赁材料设备周转场地)。

(4) 独栋办公楼施工现场临设布置

施工现场主要临时设施见表14-6所列。

工地临时设施一览表 表14-6

用途	面积(m²)	位置	需用时间
办公区	1250	场地北侧	施工全过程
生活区	6120	场地西侧	施工全过程
厕所	140	场地西南侧	施工全过程
门卫	45	四个主出入口	施工全过程
仓库	300	见图	施工全过程
养护室	80	场地东南侧	施工全过程
钢筋加工及堆放场	1600	见图	阶段性布置
木工加工场	800	见图	阶段性布置
材料堆场	2000	见图	阶段性布置
试验室	40	西南角场地	开工到竣工
临设道路	6000	整个场地	阶段性布置

(5) 独栋办公楼施工现场道路布置

施工现场道路具体做法为:素土夯实、150mm厚C30混凝土面层,现场临时主干道路面宽为8m(北侧万达路规划用路、酒店裙楼位置临时道路、南侧东西两个进口处),地上主体结构施工阶段,根据室外总图消防通道的位置在南楼西侧地下室顶板上设置临时施工道路(南侧为主道路)。

后期车库顶防水施工完成后上部保护层厚度易增加并加设钢筋网,尤其是做临时道路部分,避免后期上车压坏保护层破坏防水。

(6) 独栋办公楼现场围蔽

1) 现场大门：现场设置 4 个大门入口，大门宽度 8m 采用钢板和方钢，按照中建总公司 CI 标准制作。

2) 现场围护：现场南侧、西侧，在施工前业主已在周围设置了 6m 高的广告围挡，北侧与二局交界处，项目部临时用 2m 高彩钢板进行了围挡，完全满足施工要求。

(7) 主要生产设施布置

1) 洗车槽

在施工现场大门入口内侧设置洗车槽，尺寸为 2.5m×5m。洗车槽水沟盖板，用钢筋进行焊制，可以周转使用，同时配备高压冲洗水枪。洗车槽和沉淀池构成循环污水处理系统，冲洗车辆的水收集到沉淀池内沉淀，沉淀后的水进行现场洒水降尘等工作。

2) 钢筋加工及堆放场地

地下结构施工阶段：主要布置在基坑周围空闲地方，靠近塔吊，并能利用塔吊进行垂直运输，尽量避免二次倒运，提高工作效率。

地上结构施工阶段：钢筋施工场地布置在现场各单体工程场地周边，钢筋加工按照原材→加工→半成品的加工流程，分成钢筋原材存放区、钢筋加工成型区和半成品钢筋存放区。在不同施工阶段，对加工钢筋施工场地进行适当调整，以满足结构施工需要。

3) 周转材料堆场

周转材料堆场设置在各单体邻近的场区，靠近塔吊覆盖范围堆放成品及半成品材料，尽量避免或减少料具的二次倒运。

4) 模板加工场

各单体邻近的场区设置模板加工棚，模板加工按照原材→加工→半成品的加工流程，分成模板原材存放区、模板加工成型区和半成品模板存放区。

5) 砌体材料堆场

在施工电梯及物料提升机附近布置砌体材料堆场，便于转运。

6) 试验室

标养试验室内配空调、增湿器、温度计、湿度计、混凝土振捣台、水池以及万能试验机等设备，满足现场标养试验室条件。

(8) 办公、生活设施布置

办公区设置在施工现场北侧万达路规划路段上，基础、主体施工阶段，以土建施工布置办公室、监理、业主等用房为主。办公区采用三层彩钢板活动板房，外部按照中建总公司 CI 要求进行标化。各办公室内配备办公桌椅、电脑、电话、打印机、复印机、传真机等办公设施。办公室靠道路设"七牌二图"，营造一个整洁、文明、舒心的办公环境。办公区内设置会议室、总包办公室、管理人员食堂、盥洗室、医务室等。

门卫设于各出入口内侧，设置保安 24 小时值班并由专人进行管理。

4. 垂直管理

为确保工程顺利进行，在整个工程施工期间，我们将提供现有的垂直运输机械，包括各类塔吊、人货电梯、物料提升机等共同使用，并保持良好的状态。具体将采取如下措施：(1) 确保垂直运输设备处于完好正常运行状态。为确保机械设备处于正常运行状态，组成一个专业小组，着重对垂直运输机械定期进行检修、保养，保证垂直运输机械的完好率达到95%以上。（2）合理组织和调度垂直运输机械的使用。为保证各专业分包施工人员上下及材料运输工作的正常进行，应确保机械设备的使用效率和运行速度，确保施工计划的按期完成，总承包方内部设有运输调度中心，组织和调度整个工地的运输机械。各专业分包要使用运输机械，需填写吊运申请表，然后，总承包方根据工程节点的进度和轻重缓急，下达吊运工作单，各专业分包必须按总承包方颁发的有关材料运输规定及在安排的时间内作业。通过总承包方的有序调度，提高运输机械的使用效率和运行速度。同时，为了提高运输机械的使用效率，承包方还将对分段流水作业、运输材料的时间作统一的规定。承包方的运输调度中心进一步优化吊运方案，满足各专业分包的使用要求和工程的施工总进度计划。（3）需塔吊吊装的设备、材料进场前，及时了解其重量、尺寸、安装位置等，根据塔吊的起重能力以及设备的进场情况，提供设备、材料的堆放场地，尽量避免或减少二次倒运。

14.1.4 工期管理

1. 进度计划

（1）工序插入点控制计划见表14-7所列。

工序插入点控制计划　　　　　　　　表14-7

序号	工序名称	插入情况	提前进场情况	插入时间	时长（天）	占工期比例
1	基础层到±0.00	土方完成后	提前7天进场	2010-4-27	50	9%
2	±0.00上非标准层	地下室封顶后	及时插入	2010-6-8	20	3.6%
3	标准层（3~26层）	非标层完成	及时插入	2010-6-28	96	17%
4	样板层	主体验收后	四层砌体完成后	2011-1-1	75	13%
5	二次结构	12层~封顶后期	提前7天进场	2010-8-10	140	25%
6	给水	结构验收后	提前7天进场	2011-1-1	72	13%
7	排水	结构验收后	提前7天进场	2011-1-1	125	22%
8	强电	-2层~封顶后期	贯穿全程	2010-4-28	450	80%
9	弱电	-2层~封顶后期	贯穿全程	2010-4-28	354	63%
10	消防	结构验收后	地下室先施工	2011-1-1	160	30%
11	空调	结构验收后	地下室先施工	2011-1-1	160	30%
12	电梯	结构验收后	提前7天进场	2011-1-1	120	22%
13	幕墙（外装）	外墙砌筑完成	龙骨焊接可在拆架前开始	2010-9-20	265	47%
14	内装	结构验收后	提前样板施工	2011-1-1	150	30%
15	人防	-2层~封顶后期	贯穿全程	2010-5-10	270	48%
16	室外管网铺设	结构验收后分段施工	提前10天进场	2011-3-10	78	14%
17	景观	大宗材料基本进场后	提前20天进场	2011-4-20	103	18%
18	绿化		提前15天进场	2011-4-20	103	18%
19	变配电室	结构验收后	提前7天进场	2011-3-10	90	16%

续表

序号	工序名称	插入情况	提前进场情况	插入时间	时长（天）	占工期比例
20	强电配电室	结构验收后	提前7天进场	2011-4-20	74	13%
21	消防报警阀室	结构验收后	提前7天进场	2011-5-10	42	8%
22	消防水泵房	结构验收后	提前7天进场	2011-5-10	57	10%
23	消防监控室	结构验收后	提前7天进场	2011-6-20	37	7%
24	水泵房水箱间	结构验收后	提前7天进场	2011-4-10	38	7%
25	空调机房	结构验收后	提前7天进场	2011-4-20	80	14%

(2) 独栋办公楼各施工工序间逻辑关系及施工工期见表14-8所列。

工序间逻辑关系及施工工期 表14-8

序号	紧前工序	施工主线（工序名称）	紧后工序	插入条件	时长（天）	备注
1	工程中标	施工准备	降水支护桩	中标后	30	方案准备
2	方案确认	降水施工	土方开挖	拆迁后插入	20	
3	方案确认	支护桩施工	止水帷幕	拆迁后插入	25	
4	支护桩施工	止水帷幕施工	土方开挖	支护桩上强度	10	
5	降水、支护桩	土方开挖	支护施工	降水10天后	45	
6	土方开挖	支护施工	垫层施工	与挖土穿插	45	土护工程完工
7	支护施工	垫层施工	防水施工	挖一段即施工	5	结构开始
8	垫层施工	防水施工	保护层施工	垫层完一段后	5	
9	保护层施工	塔楼筏板结构	-2层结构	防水保护层后	12	
10	筏板结构	塔楼-2层	-1层结构	筏板混凝土能上人后	15	
11	-2层结构	塔楼-1层	1层结构	-2层混凝土能上人后	13	
12	车库底板防水及保护层	车库底板	-2层结构	防水保护层后	10	
13	车库筏板	车库-2层	-1层结构	底板混凝土能上人后	14	
14	-2层结构	车库-1层	车库防水	-2层混凝土能上人后	12	±0.00封顶
15	车库外墙拆模	地下外墙防水	防水保护层	后浇带封堵后	15	外墙封闭
16	外墙防水保护	地下外墙回填	通道打通	防水保护后	15	车道打通
17	车库封顶（后浇带后做）	车库顶防水	防水保护	车库封顶后立即施工	6	避免材料上楼后影响
18	车库顶防水	车库顶防水保护	场地提供	防水完成一段	6	场地提供
19	塔楼-1层	1层结构施工	2层结构	上层混凝土能上人后	8	
20	1层结构	2层结构施工	3层结构	上层混凝土能上人后	6	

续表

序号	紧前工序	施工主线（工序名称）	紧后工序	插入条件	时长（天）	备注
21	2层结构	3层结构施工	4层结构	上层混凝土能上人后	6	
22	下层结构	标准层施工	上层结构	上层混凝土能上人后	5	
23	4层结构完成	施工电梯安装	二次结构	一层拆模后	15	装饰垂运
24	26层结构完成	屋面框架施工	屋面施工	上层混凝土能上人后	8	主体封顶
25	车道打通后	地下室回填	回填区二次结构	汽车坡道打通后及时进行回填	25	
26	地下室清理	地下二次结构	地下室验收	地下拆模清理后	45	
27	地下二次结构	地下室验收	地下安装、装饰施工	二次结构完成	5	基础验收
28	地下结构验收	地下垫层施工	环氧地坪	地下结构验收后	20	地下粗装开始
29	地下结构验收	地下安石粉施工	成品保护	地下结构验收后	50	
30	地下结构验收	地下照明施工	成品保护	地下结构验收后	65	地下照明
31	地下结构验收	地下室消防施工	成品保护	地下结构验收后	90	
32	地下结构验收	地下室空调施工	成品保护	地下结构验收后	90	
33	地下结构验收	地下室给水排水	提前使用	地下结构验收后	45	地下排水
34	地下室水管完成	水泵房施工	正式送水	给水管完成后	15	正式送水
35	空调风管完成	地下空调机房	成品保护	地下风管完成后	35	
36	空调水管完成	制冷机房施工	成品保护	地下水管完成后	35	空调调试
37	消防水电完成	报警阀室施工	成品保护	消防水电完成后	15	消防调试
38	地下结构验收	地下弱电施工	成品保护	地下结构验收后	30	弱电调试
39	材料上楼后	地下前室精装	成品保护	无材料地下上楼	45	地下精装
40	材料上楼后	地下室环氧地坪	停车划线	交工前60天	30	
41	环氧地坪完成	停车划线	标识导视	地坪完成后	15	
42	停车划线	标识导视	成品保护	划线完成后	10	
43	施工电梯验收	地上二次结构	结构验收	施工电梯启用后	105	先施工外墙及电梯井
44	结构拆模后	风井内风管安装	二次结构完成	结构拆模后	15	
45	风井内风管完成	二次结构完善	主体验收	分管安装后	10	
46	二次结构完成	主体验收	地上安装、装饰施工	二层结构完成、清理整改完成	15	主体验收
47	屋面二次结构	屋面施工	装饰展开	框架拆模后立即砌墙、防水施工	35	屋面封闭避免漏水
48	结构验收后	室内电梯安装	拆施工电梯	结构验收后	90	材料全部从地下上楼
49	屋面完成后	塔吊拆除	塔吊封堵，车库封闭	外架拆完屋面完成、大设备上楼	5	车库顶封闭避免漏水

续表

序号	紧前工序	施工主线（工序名称）	紧后工序	插入条件	时长（天）	备注
50	外围二次结构完成到外窗安装完成	外墙涂料	外墙封闭	外围结构砌完	85	
51	外围二次结构完成到外窗完成	外墙石材	外墙封闭	外围结构砌完	120	
52	外围二次结构	外墙窗安装	玻璃安装	外围结构砌完	35	
53	外窗安完	外墙玻璃安装	装饰展开	外窗框加固后	20	外墙封闭
54	外装完成	泛光照明	泛光调试	石材大面完成后	25	泛光调试
55	结构分段验收	空调机房基础	机房防水	机房竖管完成后	15	
56	机房基础完成	空调机房防水	机房地面	吊模、基础完成后	8	楼层间封闭
57	机房防水	空调机房地面	机房设备	防水后及时保护	10	
58	主体验收后	管井立管安装	管井吊模	结构验收后	25	
59	管井立管安装	管井吊模	管井地面	立管安完	6	楼层间封闭
60	管井吊模	管井地面	管井腻子	吊模完成后	10	
61	主体验收后	强弱电二次预埋	粉刷石膏	主体验收完成	20	抹灰前完
62	4层砌体完成后	样板层施工	安装、装饰	四层砌筑完成	30	样板验收
63	样板验收确定	消防环管安装	消防支管	主体验收后	35	安装开始
64	样板验收确定	空调环管安装	空调支管	主体验收后	35	安装开始
65	样板验收确定	桥架安装	配电箱安装	主体验收后	20	安装开始
66	样板验收确定	新风机组安装	风管安装	主体验收后	35	安装开始
67	样板验收确定	风管安装	机房安装	主体验收后	45	
68	机房地面完成后	空调机房安装	空调调试	机房内地面完成后	30	空调调试
69	环管施工完成	消防支管安装	吊顶龙骨	环管完成后	30	
70	样板验收确定	强电顶棚布管	吊顶龙骨	室内风、水完成后	30	
71	样板验收确定	弱电顶棚布管	吊顶龙骨	室内风、水完成后	30	
72	主体验收后	粉刷石膏施工	腻子施工	主体验收后	45	装饰开始
73	粉刷完成后	墙柱面腻子施工	吊顶龙骨	粉刷完成后	80	
74	样板验收确定	窗帘盒施工	吊顶龙骨	主体验收后	25	

续表

序号	紧前工序	施工主线（工序名称）	紧后工序	插入条件	时长（天）	备注
75	风电消防支管安装完成后 窗帘盒安装完成	吊顶主次龙骨	消防锥位	吊顶内安装完成后	35	
76	主次龙骨完成	消防追位施工	吊顶封板	喷淋头定位后	45	
77	粉刷石膏完后	强弱电地面布管	地砖施工	地砖前完成	15	
78	地面布管后	地砖施工	成品保护	粉刷石膏后	45	
79	室内梯启用后	施工电梯拆除	拉链封闭	室内梯启用后，大宗材料上楼后	5	拆施工电梯
80	腻子地砖完成，安装主次管完成后	防火门安装	设备安装及穿电缆	湿作业基本完后	3	
81	管井内抹灰后	管井强弱电间、楼梯间腻子施工	涂料施工	管井内抹灰后	25	提前施工安管后难度大
82	防火门安装后	强弱电间配电箱安装	电缆管线	强弱电间装门后	15	
83	配电箱安装	强弱电间穿线	调试送电	配电箱安装后	30	楼上通电
84	防火门安装后	空调机房吸声板	开关灯具	机房设备安装后	25	机房完工
85	腻子地砖完成，吊顶龙骨完成后	办公室木门安装	开关灯具、烟感报警器及风口窗帘盒安装	湿作业完成后	25	
86	消防锥位完成	吊顶封板	装灯具风口烟感报警	吊顶内隐验后	25	
87	吊顶封板后	灯具安装	灯具调试	吊顶封板后	15	电器调试
88	吊顶封板后	烟感报警安装	消防调试	吊顶封板后	10	消防调试
89	吊顶封板后	风口加固安装	通风调试	吊顶封板后	30	
90	木门安装后	开关插座安装	通电调试	房间锁门后	10	
91	木门安装后	窗套施工	成品保护	房间锁门后	35	
92	开关插座安装后	墙面涂料施工	成品保护	房间锁门后	8	办公区完活
93	主体验收后	卫生间隔断施工	卫生间防水	主体验收后	15	
94	隔断施工后	卫生间防水施工	防水保护层	隔断预埋施工后	5	卫生间断水

续表

序号	紧前工序	施工主线（工序名称）	紧后工序	插入条件	时长（天）	备注
95	防水保护层后	卫生间墙地砖	吊顶施工	防水保护后	25	
96	墙地砖完成后	卫生间吊顶施工	装灯具风机	吊顶内隐验收后	5	
97	墙地砖吊顶完成	卫生间木门安装	装洁具	湿作业完成后	5	
98	木门安装后	卫生间洁具安装	洁具调试	卫生间装门后	5	卫生间完工
99	粉刷石膏完成	走廊墙腻子施工	吊顶施工	粉刷石膏后	20	
100	走廊腻子完成	走廊吊顶施工	吊顶腻子	吊顶内隐验收后	45	
101	走廊吊顶完成	走廊顶腻子施工	走廊地砖	吊顶后	20	
102	走廊腻子完成后	走廊地砖施工	装开关灯具	办公室内地砖后	35	
103	地砖完成后	走廊灯具插座	走廊涂料	吊顶、地砖完成后	8	
104	走廊开关插座	走廊涂料施工	成品保护	墙顶腻子完成后	6	
105	电梯门安装后	前室干挂石材	前室地面	电梯门安装后	25	
106	石材干挂后	前室石材地面	成品保护	前室干挂后	25	电梯前室完工
107	粉刷石膏完成后	楼梯间腻子	走廊石材	粉刷石膏后	30	
108	楼梯间腻子完成后	楼梯间石材镶贴	楼梯扶手	楼梯间腻子完成后	15	
109	楼梯间石材完成后	楼梯间扶手施工	成品保护	楼梯间石材完成后	8	
110	楼梯腻子完成后	楼梯间灯具插座	楼梯间涂料	楼梯间腻子完成后	5	
111	楼梯间腻子完成后	楼梯间涂料	成品保护	腻子完成后	4	楼梯间完工
112	电器安装送电	电器检测	消防检测	电器安装完成后	2	电检
113	避雷安装完成	避雷检测	消防检测	避雷安装完成后	2	避雷检测
114	装饰安装完工	竣工清理	消防检测	装饰安装完工后	15	消检
115	电检、避雷检测后	消防检测	竣工验收	电、避雷检测后	5	竣工验收
116	消防检测后	竣工验收	竣工备案	消检完	5	

2. 施工准备计划

施工准备工作包括开工前期的主要工作内容，包括：施工现场规划、技术准备、人力资源准备、主要材料准备、施工机械准备。准备工作计划详见表14-9所例。

施工准备工作计划　　　　　　　　　　　　　表 14-9

序号	工作内容	执行人
1	熟悉图纸、图纸会审、技术交底、编制方案	项目经理、项目总工、各专业工长
2	现场综合考察	项目经理、主要管理人员
3	组织管理人员对招标文件进行学习	项目经理、主要投标参与人
4	主要管理人员类似项目考察学习	项目经理
5	施工总体部署及策划	项目经理、主要管理人员
6	根据布局及总策划现场总平面布置	项目经理、项目总工
7	基础、主体、装饰工程施工预算	造价工程师
8	根据交接的基准点进行施工放线	测量工程师及测量人员
9	施工图纸翻样、报材料计划	各专业工长
10	临建搭设：现场办公室及工人生活区	项目经理、项目总工
	试验室、钢筋棚、搅拌机棚	主管工长
	配电房、木工车间	主管工长、电工班长
	场地道路、临时围墙、大门	主管工长
	道路和绿化	主管工长
11	施工现场供电架设	主管工长、电工班长
12	施工供水管网铺设	主管工长、水工班长
13	木工机械、钢筋加工机械安装	钢筋工长、模板工长、机械队长
14	劳动力进场教育	安全主管、技术负责人
15	开工报告	项目经理

(1) 施工技术准备

1) 现场交接准备

进入现场后，通过业主、监理单位协调对现场实际情况进行交接，交接内容具体如下：

①对现场的平面控制网点进行交接，并根据需要增设控制点。

②对已测设完的轴线、标高控制点进行复验，确认无误后办理移交手续。

③对现场的水源、电源及排水设施进入勘查、交接。

2) 技术文件的学习及相关的准备工作

①熟悉施工图纸；

②编制和完善施工组织设计；

③编制施工图预算和施工预算；

④进行施工技术交底；

⑤资料准备。

3) 检测、实验器具配备

①选定济南市建委认证的试验室，并经业主、监理方考察认可。

②施工前提前做好混凝土级配、砂浆级配,组织各种进场材料的检验及钢筋连接试验工作,准备好各种混凝土试模,各种测量工具提前送检报验。

4)技术工作计划

①施工期间组织项目部技术、质量人员、各专业工程师及相关专业分包单位编制实施性的施工方案,该方案是在投标方案基础上的具体的、优化的方案,并在方案实施前报监理工程师审批。随着工程的进展,施工过程中有变更和优化,施工图纸经过修改的,需要对设计和专项方案进一步完善,该方案经审批后实施。

②施工过程中对主要的分项工程实施样板引路制度,施工前编制样板施工计划,经监理工程师审批后施工,施工过程及施工成品满足质量验收标准。样板施工完成后报监理工程师确认后进行大面积施工。

(2)施工现场准备

1)现场临时水电

根据工程特点、现场实际情况和施工需要做好现场平面规划,并按此进行现场临建的搭设和临时用水用电管线的布置,安排好现场消防设施及 CI 形象布置。

2)临时道路和围墙

施工现场根据业主要求和相关单位的要求进行封闭,场地在南面的经四路设置 2 个大门,西面纬一路设置 1 个大门,东北面万达路设置 1 个大门。

3)生产、生活及临时设施

由于地处市中区繁华地段,现场根本没有空地可以做临时使用,经与建设单位沟通后,对整个商业区的施工进行了整体规划,酒店裙楼可以适当拖后施工,项目部在酒店裙楼位置设置了工人宿舍,七栋三层板房,在 4 号办公楼北侧设置了一栋三层板房作为现场办公室,后期酒店裙楼开始施工前,项目部又在步行距工地 15 分钟位置处临时租赁了一栋四层停业宾馆楼作为后期工人宿舍。

(3)独栋办公楼物资材料准备

1)做好材料供应计划。根据施工进度计划编制物资需要量计划;并根据物资需要量计划编制物资的采购、运输计划。

2)与多家供应商建立供求关系。

3)严格遵照合约条款,对供应时间作出明确的规定,并严格执行。

4)做好材料储备。根据月度计划采购所需材料,保证现场材料满足需用。

5)做到材料专款专用。

3. 独栋办公楼工期计划管理分级实施

进度计划体制上,实行分级计划形式,结合本工程各分项工程量,制定总控进度计划,并指明各专业承包商的配合施工工期,在这级施工进度计划当中,充分考虑并保证专业系统调试时间必须充足,在总控进度计划的基础上,制定各阶段、各分部分项及各专业承包商的详细的二级施工进度计划,相对总控计划,二级进度计划适当提前,即各阶段点相对总控计划有一定的紧缩量,以下一级计划保证总控进度计划的实现。

(1)制定三级进度计划

三级进度计划见表 14-10 所列。

三级进度计划 表 14-10

序号	计划	内容
1	一级总体控制计划	项目部负责编制一级总体控制计划。表述各专业工程的阶段目标、确定本工程总工期、阶段控制节点工期、所有指定分包专业分包工期等。是业主、设计、监理及总包高层管理人员进行工程总体部署的依据,实现对各专业工程计划进行实时监控、动态关联
2	二级进度控制计划	项目部将组织本工程各专业及指定分包编制如下二级进度计划。以专业及阶段施工目标为指导,分解形成细化的该专业或阶段施工的具体实施步骤,以达到满足一级总控计划的要求,便于业主、监理和总包管理人员对该专业工程进度的控制
3	三级进度控制计划	各专业工程进行的流水施工计划,供各分包单位基层管理人员具体控制每个分项工程在各个流水段的工序工期,对二级控制计划的进一步细化。总包商将要求各专业分包根据实际工程进度提前1~2周提供该计划。该计划表述当月、当周、当日的操作计划,总包商随工程例会发布并检查总结完成情况,月进度计划报业主、监理审批。本工程实施过程中,将采取日保周、周保月、月保阶段、阶段保总体计划的控制手段,使计划阶段目标分解细化至每周、每日,保证总体进度控制计划的按时实现

1) 独栋办公楼主楼基础及地下室施工安排见表 14-11 所列。

独栋办公楼主楼基础及地下室施工安排 表 14-11

结构	部位	工期(天)	工程量	开始时间	完成时间	拆模时间	备注
地下室		40		2010-4-28	2010-6-6	2010-7-19	
	筏板	12	5800m³ 混凝土	2010-4-28	2010-5-9	2010-5-15	
	-2层	15	1700m³ 混凝土	2010-5-10	2010-5-24	2010-7-4	有人防
	-1层	13	1800m³ 混凝土	2010-5-25	2010-6-6	2010-7-19	有夹层

地下室施工,由于单层面积接近1万 m^2,同一工作面展开面积较大,材料使用量较多,垂直运输是影响工期进度最大的问题,为减少此影响,项目部于基础施工阶段租赁25t吊车一辆,解决垂直运输问题;同时,由于周边场地异常紧张,材料的加工、半成品的堆放以及大量周转材料的进场制约了地下结构大面积的同步展开,地下室的施工以保证主楼部分地下室施工为主,非主楼区域地下室由于结构较为简单、材料用量少,对其进行穿插施工。

2) 独栋办公楼主体施工安排见表 14-12、表 14-13 所列。

独栋办公楼标准层结构单层施工安排 表 14-12

部位	工期(d)	工序	计划		
			开始	工期(h)	完成
标准层结构	5.00	施工放线	第1天 6:00	4.00	第1天 10:00
		周转材料准备	第1天 6:00	36.00	第2天 18:00
		满堂架及底模	第1天 8:00	48.00	第3天 8:00
		钢筋材料准备	第1天 6:00	48.00	第3天 6:00
		梁钢筋绑扎	第2天 12:00	48.00	第4天 12:00
		板钢筋绑扎	第4天 12:00	40.00	第5天 16:00
		竖向模板及加固	第3天 12:00	48.00	第5天 12:00
		上层竖向钢筋	第4天 22:00	18.00	第5天 16:00
		混凝土浇筑	第5天 16:00	14.00	第6天 6:00

主体结构施工计划 表 14-13

主体结构	部 位	工期（天）	开始时间	完成时间	拆完模时间	备 注
塔楼 1~3 层		19	2010-6-7	2010-6-25	2010-7-15	
	1 层	8	2010-6-7	2010-6-14	2010-6-30	
	2 层	6	2010-6-15	2010-6-20	2010-7-5	
	3 层	5	2010-6-21	2010-6-25	2010-7-15	
塔楼 4~13 层		50	2010-6-26	2010-8-14	2010-9-3	
	4 层	5	2010-6-26	2010-6-30	2010-7-20	
	5 层	5	2010-7-1	2010-7-5	2010-7-25	
	6 层	5	2010-7-6	2010-7-10	2010-7-30	
	7 层	5	2010-7-11	2010-7-15	2010-8-4	
	8 层	5	2010-7-16	2010-7-20	2010-8-9	
	9 层	5	2010-7-21	2010-7-25	2010-8-14	
	10 层	5	2010-7-26	2010-7-30	2010-8-19	
	11 层	5	2010-7-31	2010-8-4	2010-8-24	
	12 层	5	2010-8-5	2010-8-9	2010-8-29	
	13 层	5	2010-8-10	2010-8-14	2010-9-3	
塔楼 14 层~机房		71	2010-8-15	2010-10-24	2010-11-13	
	14 层	5	2010-8-15	2010-8-19	2010-9-8	
	15 层	5	2010-8-20	2010-8-24	2010-9-13	
	16 层	5	2010-8-25	2010-8-29	2010-9-18	
	17 层	5	2010-8-30	2010-9-3	2010-9-23	
	18 层	5	2010-9-4	2010-9-8	2010-9-28	
	19 层	5	2010-9-9	2010-9-13	2010-10-3	
	20 层	5	2010-9-14	2010-9-18	2010-10-8	
	21 层	5	2010-9-19	2010-9-23	2010-10-13	
	22 层	5	2010-9-24	2010-9-28	2010-10-18	
	23 层	5	2010-9-29	2010-10-3	2010-10-23	
	24 层	5	2010-10-4	2010-10-8	2010-10-30	
	25 层	5	2010-10-9	2010-10-13	2010-11-2	
	26 层	5	2010-10-14	2010-10-18	2010-11-7	
	机房层	6	2010-10-19	2010-10-24	2010-11-13	

3）独栋办公楼二次结构施工计划见表 14-14 所列。

二次结构施工详细计划（同时展开3层）　　　　　表 14-14

二次结构	层数	施工内容	单位	工程量	人员	开始时间	工期（天）	结束时间
1	1～3层	砌体	m³	150	45	8月10日	5	8月14日
2	1～3层	钢筋	t	3.4	20	8月15日	2	8月16日
3	1～3层	模板	m²	1250	20	8月17日	2	8月18日
4	1～3层	混凝土	m³	18	6	8月19日	3	8月21日

二次结构	部位	工期（天）	开始时间	完成时间	拆完模时间	备注
1	施工电梯安装	10	2010-7-10	2010-7-20		6层安装完成
2	1～3层	12	2010-8-10	2010-8-21	2010-8-23	
3	4～6层	12	2010-8-22	2010-9-2	2010-9-4	
4	7～9层	12	2010-9-3	2010-9-14	2010-9-16	
5	10～12层	12	2010-9-15	2010-9-26	2010-9-28	安完电梯开始砌体施工，材料以夜间上料为主
6	13～15层	12	2010-9-27	2010-10-8	2010-10-10	
7	16～18层	12	2010-10-9	2010-10-20	2010-10-22	
8	19～21层	12	2010-10-21	2010-11-1	2010-11-3	
9	22～24层	12	2010-11-2	2010-11-13	2010-11-15	
10	25～27层	12	2010-11-14	2010-11-25	2010-11-27	

4）独栋办公楼屋面工程施工

屋面及外装的封闭是室内装饰施工的必要条件，所以屋面及外装宜尽早展开，但应特别注意屋面各分项的成品保护，面层考虑后做。

屋面在女儿墙砌筑完成主体验收后立刻展开，屋面防水施工完成后再安装吊篮等设备（表14-15）。

屋面工程进度计划　　　　　表 14-15

屋面	施工内容	工期（天）	开始时间	完成时间	控制重点	备注
1	找坡找平	8	2011-1-1	2011-1-9	气温≥5℃	屋面安装吊篮后会影响到屋面的封闭，所以前期吊篮先搭设在26层，待屋面封闭后再将吊篮挪到屋面
2	防水施工	6	2011-1-11	2011-1-17		
3	保温保护	6	2011-1-18	2011-1-24	必须蓄水	
4	面层施工	5	2011-1-25	2011-1-30	注意防水的成品保护	
5	切缝灌缝	5	2011-7-20	2011-7-25		

5）独栋办公楼外装工程施工

外装工程可提前进入，在脚手架内进行施工，但应确保二层结构外墙砌筑完成，并做好水平，应防止交叉作业，同时架内焊接防火是关键控制点，焊接时必须配备接火斗，并及时清理水平防护上的杂物垃圾，同时在水平防护上面铺防火布（表14-16）。

独栋办公楼外装工程施工安排　　　　　表 14-16

外装	施工内容	工期（天）	开始时间	完成时间	控制重点	备 注
	3～14 层幕墙区					
1	幕墙龙骨焊接	45	2010-9-10	2010-10-25	14 层以下外墙砌完	前期埋板、龙骨焊接在脚手架内进行施工，15层处搭设硬防护；为确保外装施工速度，窗框及玻璃根据图纸设计尺寸提前加工，二次结构严格按图施工
2	15 层下脚手架拆除	10	2010-10-7	2010-10-17		
3	15 层处搭设吊篮	10	2010-10-18	2010-10-24		
4	窗框安装	35	2011-10-25	2010-11-31	拆架后立即装吊篮	
5	石材干挂	115	2010-11-10	2011-4-15		
6	15～26 层幕墙区					
7	幕墙龙骨焊接	51	2010-11-11	2010-12-31	外墙砌完后	
8	15 层上脚手架拆除	10	2010-11-23	2010-12-3		
9	吊篮挪到框架层	7	2010-12-4	2010-12-10		
10	窗框安装	36	2010-12-11	2011-1-16		
11	石材干挂	115	2011-1-1	2011-4-21		
	1～26 层涂料区					
12	涂料区脚手架拆除	7	2010-10-20	2010-10-27		
13	26 层吊篮搭设	6	2010-10-28	2010-11-3	最后一步	
14	大面保温板腻子	35	2010-11-5	2011-12-10	屋面断水前搭在 26 层	
15	涂料区窗框安装	30	2010-11-10	2010-12-10		
16	涂料区保温收口	25	2010-11-10	2010-12-25		
17	涂料及其他	20	2010-12-26	2011-1-15		
18	所有玻璃安装	75	2011-1-15	2011-3-31	提前加工	

6) 广场、市政工程施工安排见表 14-17 所列。

广场、市政工程施工安排　　　　　表 14-17

市政	施工内容	工 期	开始时间	完成时间	控制重点	备注
1	自来水工程	30	2011-6-1	2011-7-1	7-1 日通水	
2	热力外线工程	30	2011-4-15	2011-5-15		
3	热力站工程	46	2011-5-16	2011-7-1	11-15 日供暖	
4	电力外线工程	30	2011-4-15	2011-5-15		
5	配电室工程	46	2011-5-15	2011-6-30	7-1 日供电	
6	排水工程	25	2011-4-20	2011-5-15	雨季前通	
7	天然气外线工程	36	2011-5-15	2011-6-20		
8	天然气室内工程	59	2011-6-1	2011-7-30	8-15 日通气	
9	环境工程	37	2011-6-25	2011-8-1		

(2) 制定派生计划

工程的进度管理是一个综合的系统工程，涵盖了技术、资源、商务、质量检验、安全检查等多方面的因素，因此根据总控工期、阶段工期和分项工程的工程量制定的各种派生计划，是进度管理的重要组成部分，按照最迟完成或最迟准备的插入时间原则，制定各类派生保障计划，做到施工有条不紊、有章可循。以保证施工总体进度计划有操作性，编制各项施工保障计划见表 14-18 所列。

各项施工保障计划　　　　　　　　　表 14-18

序号	计　划	内　　容
1	施工准备工作计划	施工准备工作是正式施工前的必要工作，是正式施工的前提，因此必须做好施工准备工作，施工准备的临时设施搭设可以与正式施工同时进行，确保工程的正常顺利进行。 施工准备工作计划内容包括： (1) 进场初期准备工作； (2) 施工人员进场、培训； (3) 临建搭设； (4) 编制相关施工方案； (5) 测量放线； (6) 物资准备
2	图纸发放计划	此计划要求的是分项工程所必需的图纸的最迟提供期限，这些图纸包括：结构、建筑施工图、安装施工图、施工安装节点详图、安装预留预埋详图、系统综合图等
3	施工方案编制计划	此计划要求的是拟编制的施工组织设计或施工方案的最迟提供期限。"方案先行、样板引路"是保证工期和质量的法宝，通过方案和样板制定出合理的工序、有效的施工方法和质量控制标准
4	业主方指定分包开工计划	此计划要求的是业主指定分包进场最迟期限，确保不因专业分包进场过迟而影响工程总体进度
5	主要施工机械设备进场计划	此计划要求的是分项工程施工所必需的加工生产设备所需的最迟进场期限，各种施工主要设备机具必须在要求的时间前进场，不得影响正常的施工进度，机械设备在使用完毕后及时组织退场
6	主要安装设备、材料进场计划	此计划要求的是分项工程开工所必需的主要材料、设备最迟进场期限。物资部门将根据此计划进行物资供应的各项准备工作，包括询价、报批、订货加工等。同时，该计划也是业主供货的主要依据
7	验收计划	分部工程验收是保证下一分部工程尽快插入的关键，本工程由于工期紧张，分部分项验收必须及时，结构验收必须分段进行，保证施工的连续高效。此项验收计划需要业主和总包协调政府主管部门积极配合验收。同时工程竣工验收必须在各单项验收后进行，因此在工程施工完毕后应及时联系相关验收单位，尽快组织单项验收，为工程最终的竣工验收做准备

4. **工期保证措施**

(1) 确保工期的具体组织保障措施

组织保障措施的具体内容见表14-19。

组织保障措施一览表 表14-19

序号	措 施	具 体 内 容
1	工期管理组织机构	(1) 成立以总承包经理部和各业主指定专业分包商及各劳务作业层组成的项目工期管理组织机构。 (2) 管理人员及工人均实行专区专人负责制度，设置多名区段经理分别带领区段内所有相关管理人员负责各作业区的工期管理及协调工作
2	分包模式	(1) 选择合理的分包模式，包清工或扩大劳务分包（钢管、模板、木方由劳务队提供，主材由项目部供）。 (2) 在选择专业分包商及劳务作业层时，根据不同的专业特点和施工要求，采取不同的合同模式，在合同中明确保证进度的具体要求
3	专题例会制度	(1) 项目部定期召开施工生产协调会议，会议由项目经理或区段经理主持，业主指定专业分包和劳务作业队主管生产的负责人参加。主要是检查计划的执行情况，提出存在的问题，分析原因，研究对策，采取措施。 (2) 项目部随时召集并提前下达会议通知单。业主指定专业分包和各作业单位必须派符合资格的人参加，参加者代表其决策者。 (3) 工程进度分析，对比进度与实际情况，分析劳动力和机械设备的投入是否满足施工进度的要求，通过分析、总结经验、暴露问题、找出原因、制定措施，确保进度计划的顺利进行。 (4) 下达施工任务指令。根据工程总体进度要求，要求各单位必须在规定的时间内完成相应的施工任务，避免影响下道工序的施工，造成负面连锁反应

(2) 确保工期的管理措施

1) 编制总进度计划或子进度计划时，应体现资源的合理使用、工作面的合理安排、后续工序的及时穿插，有利于合理地缩短建设工期。

2) 对进度实施动态控制，计划编制后，根据现场实际情况对计划进行及时的动态调整。并要求所有系统（自承建及分包）进场时与项目部联系，领取项目总进度计划控制表，并接受进度计划交底。

计划如有变化，项目部将组织所有系统负责人员召开专题会议，根据发生变化节点的情况，重新进行总进度计划的调整，制定适应新情况的进度计划。将新进度计划通知到各系统和部门，并重新进行交底。

3) 项目实施过程中做到损失的工期必须及时抢回，绝不允许损失工期累积。

工期管理措施见表14-20。

工期管理措施一览表 表14-20

序号	措 施	具 体 内 容
1	计划编制	依据合同总工期，工期计划后关门。 (1) 充分发挥总包管理的统一指挥协调作用，确保预定目标的实现； (2) 总进度计划由总承包依据施工承包合同，以整个工程为对象，综合考虑各方面的情况，确定主要施工阶段（结构、装修、机电设备安装调试、验收等）的开始时间及关键线路、工序，明确施工的主攻方向； (3) 分包商根据总进度计划要求，编制所施工专业的分部、分项工程进度计划，在工序的安排上服从施工总进度计划的要求和规定； (4) 进度计划易采用 Project 编制，同时列出消项计划对节点进行控制； (5) 编制进度计划时必须分析和考虑工作之间的逻辑关系，为不影响后续施工重点控制； (6) 及时对比实际进度与计划进度的偏差，并认真分析偏差产生的原因，制定出可行的抢工措施，及时调整进度计划

续表

序号	措施	具体内容
2	进度控制	认真做好施工中的计划统筹、协助与控制。严格坚持落实每周工地施工协调会制度，做好每日工程进度安排，确保各项计划落实。建立主要的工程形象进度控制点，围绕总进度计划，编制月、周施工进度计划，做到各分部分项工程的实际进度按计划要求进行
3	进度考核	严格按照合同条款中规定的工期对指定分包及专业分包进行考核，合同中明确的工期责任，必须履行，实行奖惩罚制度
4	开展工期竞赛	（1）拿出一定资金作为工期竞赛奖励基金，引入经济奖励机制，结合质量管理情况，奖优罚劣，充分调动全体施工人员的积极性，力保各项工期目标顺利实现。 （2）根据工程特点，在施工期间，组织劳动竞赛，比工期、比质量、比安全、比文明施工，根据竞赛结果奖优罚劣，互相促进
5	流水施工技术	（1）根据工程特点，结合现场条件，科学划分流水段，合理进行工序穿插，缩短工期。根据工序插入计划，该插入的工序必须按时穿插。 （2）将各施工阶段划分为若干个施工段，组织段与段之间流水施工。配备足够的人力、机械、物资等资源在保证上道工序质量的前提下，下道工序提前插入施工
6	交叉施工管理	（1）主体结构施工过程中，插入粗装修、机电安装等专业施工，以加快工程施工进度。可能的交叉工作有以下内容： 1）主体施工阶段，土建与安装预留预埋的交叉，结构与粗装修的交叉； 2）装饰施工过程中，机电管线敷设穿插以及专项系统施工； （2）交叉施工时主要考虑的是防止发生对成品的破坏以及安全事故，进而影响工期。 （3）总包施工过程中对现场工作环境进行时时跟踪，预见与现场观察相结合，一旦发现具备交叉施工条件，立即在最短时间内安排资源组织施工
7	工序质量	加强质量检查和成品保护工作，尤其是装饰安装阶段样板层的贯彻和施工，过程中监督检查，严格控制工序施工质量，确保一次验收合格，杜绝返工，一次成型缩短工期
8	提前确定样板	（1）在结构施工阶段就对装修材料、做法进行认定，选定材料，确定样板。 （2）每道工序施工之前，先进行样板施工。提前确定样板，细化设计，减少施工期间技术问题的影响
9	设备进场	根据总进度计划列出设备进场计划，及时按设备进场表运进设备，尤其是业主供应需提前加工（定品牌型号）的设备
10	总平面管理	机械停放，材料堆放等不得占用施工道路，不得影响其他设备、物资的进场和就位，实现施工现场秩序化。本工程根据结构主体、装修、设备安装等不同阶段的特点和需求分别进行现场平面布置，各阶段的现场平面布置图和物资采购、设备进场等辅助计划相配合，保证施工进度计划的有序实施

（3）确保工期的技术措施

确保工期的技术措施见表14-21。

技术措施运用一览表 表14-21

序号	名　　称	特点及运用目的
1	地板预应力抗浮锚杆逆作业	质量保证，缩短工期（针对有抗浮锚杆工程）
2	支护预应力锚杆加早强剂	缩短冬期支护施工技术间歇
3	外墙竖向后浇带临时封堵	提前进行外墙防水及回填施工
4	塔楼单层面积较大分段施工	流水作业减少垂直运输压力及技术间歇
5	顶板楼层混凝土浇筑前绑扎上层竖向钢筋	减少竖向模板施工技术间歇
6	钢筋滚压直螺纹连接技术	操作简单、质量稳定、能耗小、速度快
7	泵送混凝土+布料机技术	混凝土质量稳定、施工速度快
8	现场穿插条件监控制度	确保后续工序第一时间插入

（4）确保工期的经济措施

1）执行专款专用制度：随着工程各阶段控制日期的完成，及时支付各专业队伍的劳务费用，防止施工中因为资金问题而影响工程的进展，充分保证劳动力、机械、材料的及时进场。

2）执行严格的预算管理：施工准备期间，编制项目全过程现金流量表，预测项目的现金流，对资金做到平衡使用，以丰补缺，避免资金的无计划管理。

3）资金压力分解：在选择分包商、材料供应商时，提出部分支付的条件，向同意部分支付又相对资金雄厚的合格分包商、供应商进行倾斜。

（5）确保工期的资源保障措施

资源的投入包括劳动力、施工机械及设备器具、周转材料、资金等。保障资源投入是确保工期的关键所在。

1）劳动力投入的保障措施

①劳动力选择：要选择技术水平高、整体素质高，人员数量有保障的队伍。

优先选用有同等工程经验，在在建工程城市内同时还有2~3个在建工程的劳务队，便于抢工阶段劳务人员的临时调集。

优先选用南方劳务队伍及工人，减少农忙等特殊情况对工程的影响。

②制定详细的劳动力安排计划

由于本项目工期非常紧张，基本上是24小时施工，所以在劳动力配备方面不能按常规配置，部分工种如木工、钢筋工，每个施工区段应增加人员或按两班倒进行配备。

根据劳动力计划及劳动力进场计划，严格按计划控制现场劳动力数量，对于业主指定专业施工，将根据实际需要严格控制其人力资源的投入量以及投入时间、完成时间以保证整体施工进度。

③抢工应急措施

优先选用不存在农忙的南方劳务队伍，避免农忙时间人员缺乏对工程的影响，准备一支不少于100人的零工队伍，在劳务队伍人员达不到施工进度要求时进行突击抢工，尤其是地下室拆模阶段。

2）施工机械、器具投入的保障措施

充足合理的施工机械和器具，由于工期较为紧张，垂直运输设备的配备将直接影响到工程工期目标的实现，尤其是施工电梯的配备，应根据二次结构及装饰材料的多少适当增加配置台数，如酒店工程每栋楼应最少配备两台施工电梯。

3）材料、设备供应的保障措施

①周转材料：应同时选择几家交通便利的周转材料租赁公司作为储备，在周转材料出现问题时及时进行租赁调配，保证不耽误施工生产需求。

②钢筋的采购：由公司统一进行调配，选择融资能力大、信誉较好的长期合作队伍，钢筋采购应选择不少于两家供应商。

③混凝土的采购：在公司资料库内选择供应能力强、信誉好的混凝土搅拌站，且应根据综合体的体量选择多家供应商同时供应，但不宜少于三家。

④业主供的材料、设备等：往往对工程施工影响较大的反而是业主供应的材料设备，因此，为避免该情况的出现必须提前协助业主超前编制准确的甲供材料、设备计划，明确细化进场时间、质量标准等，并由专人提前与业主对接确保不影响总体进度。

5. 独栋办公楼精装阶段计划

（1）地下室装饰施工进度计划（表14-22）

地下室装饰施工进度计划　　　　　　　　　　表14-22

地下室	施工内容	工期	开始时间	完成时间	控制重点	备 注
1	二次结构	50	2010-8-1	2010-9-20		
2	基础结构验收	15	2010-8-5	2010-8-20		
3	土方回填	35	2010-8-20	2010-9-25	避开雨期	
4	垫层施工	65	2010-9-21	2010-11-25		
5	安石粉	88	2010-10-1	2010-12-28		前期先施工坡道，并尽快保证坡道的正常使用，地下室施工材料主要从坡道运输，这是保证地下室施工进度的关键点
6	消防机电通风	96	2010-9-10	2010-12-15		
7	人防门	20	2011-4-20	2011-5-10		
8	防火门	25	2011-4-1	2011-4-25		
9	机房设备安装对接	80	2011-4-1	2011-6-20		
10	墙、地砖镶贴	30	2011-4-1	2011-5-1		
11	地坪及停车划线	55	2011-6-10	2011-8-5		
12	仓库移除	10	2011-8-1	2011-8-10		
13	收尾及功能完善	40	2011-7-1	2011-8-10		
14	竣工清理	15	2011-8-1	2011-8-15		

(2) 塔楼装饰施工进度计划（表14-23）

塔楼装饰施工进度计划　　　　表14-23

塔楼装饰	施工内容	工期	开始时间	完成时间	控制重点	备注
1	10层以下主体结构验收	5	2010-10-15	2010-10-20	分段验收	
2	结构验收	15	2010-12-20	2011-12-31		
3	电梯施工	116	2011-3-1	2011-6-25	5月1日前提供两部	施工电梯拆除后垂运保证
4	抹灰施工	56	2011-3-20	2011-5-15		
5	地砖镶贴	61	2011-4-10	2011-6-10		
6	吊顶施工	94	2011-4-28	2011-7-31		
7	涂料施工	72	2011-5-20	2011-7-31		
8	楼梯施工	24	2011-6-1	2011-6-25		
9	卫生间施工	85	2011-5-1	2011-7-25		
10	木门、防火门安装	30	2011-6-25	2011-7-25		
11	消防	120	2011-1-1	2011-6-29	结构验收后开始	
12	空调通风	120	2011-1-1	2011-6-29	结构验收后开始	
13	机房施工	45	2011-5-1	2011-6-15	结构验收后开始	
14	强电	120	2011-1-1	2011-6-29	结构验收后开始	
15	给水排水	60	2011-4-1	2011-6-1	结构验收后开始	
16	收边收口收尾及细部处理	35	2011-7-1	2011-8-5	逐层逐房间排查	
17	设备调试	10	2011-7-1	2011-7-10		
18	联动调试	15	2011-7-10	2011-7-24		
19	消防验收	10	2011-7-25	2011-8-5		
20	四方验收		2011-8-5	2011-8-10		
21	竣工清理	10	2011-8-5	2011-8-15		
22	竣工验收	15	2011-8-10	2011-8-25		

6. 室外总体计划（表14-24）

室外回填及景观工程施工计划表　　　　表14-24

景观	部位	工期	开始时间	完成时间	控制重点	备注
1	地下室外架拆除	10	2010-8-1	2010-8-10	外模板拆完后及时拆除	
2	外墙防水	32	2010-8-5	2010-9-5	注意基础处理及防水质量	
3	外墙回填	32	2010-8-10	2010-9-10	防水的保护及分步回填压实	尽早回填，减少隐患，提供场地

续表

景观	部位	工期	开始时间	完成时间	控制重点	备注
4	市政工程施工	60	2011-4-1	2011-5-20	回填质量及按规范施工严防下沉	正式电梯启用，材料从车库上楼后
5	室外景观	62	2011-5-20	2011-7-20	注意与市政水、电、亮化工程配合	

7. 独栋办公楼深化施工图计划

由于本工程属于边拆迁边设计边施工的三边工程，所以项目部以工程总工为首的技术部专门对接项目设计部，及时了解图纸动态及变更情况，并及时予以深化。

根据双优化的原则，提前对图纸进行分析，将对工期及成本不利的项目提前与建设单位沟通进行变更，如前期设计的钢筋混凝土灌注桩变更为半逆做业施工法的预应力抗浮锚杆，在地下室结构施工完后再进行抗浮锚杆的施工，既节省了工期又为项目部创造了利润，如在后期施工时的水泥压光地面变更为地板砖地面等，既保证了施工质量及施工速度，在成本控制方面也为项目部带来了不少优势。

8. 独栋办公楼各专业立体交叉界面管理

（1）土方开挖及支护

本工程开挖深度为14.5m，土方开挖量约为16万m^3，由于基坑内有拆迁楼的旧桩基础（深11.5m），且正好位于基础正中心位置，部分影响到了行车路线，且基坑东侧为大商业一期地下室与独栋办公楼连通。北侧为项目部办公室及工人宿舍，距基坑边只有3.5m。西侧为鲁能大厦办公楼，与基坑距离只有4.3m。该处支护为支护桩加止水帷幕支护，三侧均无法行车，只能通过基坑东南角及西南角设置的临时大门外运土方，且基坑南侧距市中区主要干道经四路只有14.5m的距离，基坑四周均无法向外放坡运土。再就是该工程位于市中心，每天的土方外运时间只有晚10：00到第二天早上6：00短短的8个小时的时间，现场条件、地理位置、周边环境及规章制度等对土方挖运的影响都相当大。为保证工期，项目部加大了机械设备的投入，面积10000m^2的基坑投入了6台反铲挖掘机，60辆25t自卸汽车夜间进行土方外运，同时为加快主楼部分土方外运速度，在夜间外运的同时，白天安排机械将主楼范围内的土方运到车库位置。为减少边坡支护工序复杂间歇时间长对土方开挖带来的影响，经与建设设计单位沟通后，所有支护工程注浆及喷护等均添加了早强剂，加快支护进度，还安排管理人员跟班，清点出土车数保证日出土量不低于3000~4000m^3，40天即完成了90%土方量的外运，由于周边无法放坡，收尾阶段项目部还调用了1台臂长21m的大型挖掘机对坡道进行收坡，为基础施工创造了条件。

开挖过程中优先开挖了塔吊基础，确保塔吊提前安装；优先开挖塔楼，确保塔楼结构的施工。

土方开挖自2010年3月12日开始，2010年4月25日完成；基坑支护自2010年3月15日开始，2010年4月28日完成。

（2）基础施工阶段

1)由于是独栋办公楼,没有裙房,区段划分较为明显,结构施工期间按"分区实施,齐头并进"的原则组织,根据设计后浇带的设置将整个工程划分为两大施工区域、四个施工段,每栋办公楼及附属车库算一个施工区域,每个区域配置独立的钢筋、木工班组,确保劳务独立;每个区域内结构施工以主楼区域施工为主线组织施工;由于车库区较为简单,且只有两层地下室,在主楼施工过程中穿插施工车库区域,确保整个区域正负零结构基本同步封顶。

2)底板防水

由于办公楼基础为2.8~4.2m厚的筏板基础,车库区域为独立承台基础,下凹区域较多,所以垫层施工跨度较长,防水施工也较为复杂,为确保防水施工及防水质量,项目部安排专人对接防水施工单位,从材料计划、防水材料的进场、复检、工作面提供、施工质量的控制等方面对防水施工进行管理,最终于2010年4月30日顺利完成底板防水及保护层施工。

3)底板大体积混凝土

塔楼区域内底板厚度2.8~4.2m,单个塔楼筏板混凝土总方量约7000m^3,为大体积混凝土。底板混凝土施工前仔细、认真编制施工组织设计,并严格按施工组织设计施工。采用2台汽车泵、2台地泵同时浇筑,配3个班组,每组15人,24小时不间断地严格按照施工组织设计进行混凝土浇筑施工,在确保浇筑质量的基础上,较好地避免了混凝土冷缝的出现,浇筑用时65小时。2010年5月10日办公楼塔楼底板大体积混凝土顺利施工完成。

4)塔楼部位地下室施工

两栋办公楼分别配备钢筋工及木工班组,确保了劳动力;为确保工期车库部位三大工具进行了满配;由于周转材料量投入加大,又加上本身地下室面积大、结构复杂,垂直运输严重不足,为确保垂直运输,基础阶段调用25t汽车吊两台以补充垂直运输不足方面的问题;最终C栋办公楼于2010年6月7日出正负零;6月15日D栋办公楼及车库全部出正负零;为方便后期地下周转材料的外运,除在车库顶板位置预留两个材料吊装口外,还及时对室外防水、回填进行施工,以最快的速度打通了地下室行车通道。

(3)主体施工阶段

1)两栋办公楼结构基本相同,1~3层为非标准层,1层标高6m,1层大厅内有高度为10.5m的高支模区域,3层以上结构均为标准层,单层建筑面积为1600m^2,标准层层高均为3.75m。

2)为确保2010年11月19日在大商业开业时C、D栋办公楼外装能够完成,业主要求,9月底结构必须全部封顶,为达到该目的,经项目部研究后决定,从标准层开始,塔楼沿电梯前室部位分成两段施工,先施工北侧,南侧施工段紧随其后,严格控制各工序的起止时间,流水施工。最终克服了垂直运输紧张、交通不方便、农忙劳动力不足等一系列问题,实现了标准层平均每4天一层的速度,于2010年9月26日及10月4日两栋塔楼分别封顶,基本按建设单位要求完成了主体结构的施工。

(4)二次结构的穿插

该项目办公楼地下室砌筑量1200m^3,塔楼9300m^3。办公楼地下室负一层结构施工完成60天后开始地下室砌体，2010年8月10日开始安排地下室二次结构队伍进场，11月15日完成地下室砌筑，确保地下室结构验收；办公楼主体施工至4层后开始安装施工电梯，待4层模板拆除完成后，8月10日开始进行主体砌体穿插施工；2010年10月20日前外墙砌筑基本完成，为外装的施工提供了有利的条件。

在砌筑过程中首先要保证楼层外围、管井、电梯井筒内、楼梯间砌筑，确保幕墙提前穿插、机电安装及电梯的安装。最终11月底二次结构全部施工完毕，为结构验收及后期装饰工程的施工提供了较好的条件。

(5) 垂直运输工具的穿插布置

垂直运输机械配置，主体施工阶段每栋办公楼安装QTZ 25/14塔吊一部，砌筑及初装阶段每栋办公楼安装施工电梯一部。

主体结构施工阶段每栋楼设置1部塔吊，主体完成后，内外模板系统拆除完成，大型构件提前运输到位后，及时拆除塔吊为幕墙拉链收口提供工作面（表14-25）。

塔吊使用安排表　　　　　　　　　　　　　　　　　　表14-25

塔 吊	启用时间	拆除时间	型 号	备 注
C	2010-4-16	2010-11-15	Qtz25/14	塔楼西侧
D	2010-4-18	2010-11-5	Qtz25/14	塔楼东侧

垂直运输是影响装饰工程进度的最主要的因素，为确保砌筑的进度及幕墙、机电安装等材料和人员的垂直运输，最大限度地提高施工电梯的使用效率，施工电梯的安排及调度均由项目部专人负责安排，所有大宗材料的运输必须提前申请，砌块砂浆等材料主要以夜间运输为主。施工电梯的安排见表14-26。

施工电梯安排表　　　　　　　　　　　　　　　　　　表14-26

电梯	启用时间	拆除完成时间	型号	备 注
C	2010-7-30	2011-5-5	SC200	三层模板拆除后立即安装，在主楼西侧
D	2011-8-3	2011-5-7	SC200	三层模板拆除后立即安装，在主楼西侧

室外电梯拆前，提前安排室内消防电梯安装并验收，于2011年4月25日前投入使用。

(6) 屋面

塔楼屋面：2010年10月31日完成屋面装饰梁满堂脚手架的拆除，为外墙砌筑提供工作面；二次结构于2010年11月10日完成塔楼屋面女儿墙及机房层外墙的砌筑，屋面上各风机基础、风井出屋面部分砌筑也必须于2010年11月10日前完成，以保证防水找平层及防水的施工；即塔楼结构完成20天内拆除所有模板脚手架系统，拆模后10天内完成屋面所有外墙、女儿墙砌体及设备基础，砌体完成后30天内完成屋面防水及保护层的施工。

(7) 外墙施工

本工程独栋办公楼每栋石材幕墙9500m^2，涂料外墙9500m^2、幕墙窗及橱窗共计1050樘。为确保2010年11月19日大商业开业时外装基本完成，项目部调整了外脚手架施工方案,将悬挑距离加大到60cm预留石材幕墙施工空间,且整楼满堂搭设,石材幕墙提前穿插架内施工。在15层悬挑槽钢处搭设硬防护一道,14层结构模板拆除后就展开14层以下石材幕墙龙骨的施工,外墙砌筑完成后全面展开石材幕墙的施工,最终于2010年11月19日外装工程大面积基本完成,确保了大商业的顺利开业。

(8) 精装修施工

写字楼精装修较为简单,只有公共区域内部分木门、吊顶、涂料墙面、地砖地面、电梯前室内的石材墙地面及公共卫生间施工;办公区域内装修做法为地板砖地面、矿棉板吊顶及涂料墙面。

1) 公共区域内装修由装饰公司施工,地下室及办公区域内装修由项目部自己组织劳务人员进行施工;由于结构验收后就已进入了冬期施工,装饰工程无法大面积展开。因此2010年春节前主要的工作是:编制详细的施工策划及施工方案;对装饰及安装工程进行综合排版并组织样板层的施工;确定装饰劳务队伍签订合作意向书以保障节后劳动力充足;根据装饰情况订制装饰材料,尤其是用量较大的粉刷石膏、安石粉、墙地砖及矿棉吊顶板等。

2) 组织协调各分包进行断水施工配合装饰施工

①竖向管井于2011年4月10日前完成管道安装及吊模堵洞等工作,完成水平楼层断水。

②外幕墙于2011年3月20日前完成玻璃安装。

③协调室内消防立管于2011年4月10日启用,给装饰工程施工提供工作面及保证室内精装用水。协调消防分区域、分段打压,确保吊顶封板全面展开。

(9) 强电工程

1) 预留预埋

电气工程于2010年5月10日开始配合主体结构施工进行预留预埋,投入劳动力16个,其中电工12个,焊工4个,机械投入5台电焊机。预留预埋至2010年10月16日主体封顶后完成。

2) 桥架安装

地下室清理完毕、基础验收后开始施工电缆桥架,插入时间为2010年11月,施工顺序为由下至上、先水平后竖直。因与风管、水管等管道安装配合,因此地下室桥架安装率先全面展开,共投入劳动力12个,于2010年12月10日完成安装。主体封顶后,楼层清理干净,待主体结构验收后开始标准层桥架安装。于2011年3月20日开始,每天12人安装3层,每天4人安装1层。强弱电井等清理完毕后进行竖向桥架安装,用时7天,桥架安装共投入劳动力16人,主干桥架用时1个月,后续根据配电箱安装需要进行增补及追位,于电缆敷设开始前基本完成。

3) 配电箱安装

因涉及调试及排水工作,配电箱安装首先进行设备用房(如风机房、中控室等)及排污泵部位的安装,共分两个班组,每组3人,平均每天安装12台,再根据装修需要安装各功能间动力及照明配电箱,最后安装竖井配电箱。

4) 变配电室施工

为保证供电，办公楼变配电室施工开始于 2011 年 4 月 30 日，包括基础施工、高低压配电柜及变压器安装就位、桥架与配电柜对位及高压电缆入户，于 2011 年 6 月 25 日完成上述工作内容，确保了各设备的调试及运转。

5）电缆敷设

办公楼电缆于 2011 年 4 月底到场并立即展开施工，优先敷设与精装单位交叉部分，因需要封板，于 2011 年 5 月 20 日敷设完成，投入劳动力 15 人；其次按供电顺序敷设风机房与消防相关设备电缆，于 2011 年 5 月底完成。

6）送电

办公楼于 2011 年 6 月 30 日完成高压入户工作，并于 7 月 15 日达到低压送电条件，为各系统设备调试及验收，于 7 月 20 日首先完成空调机房、消防水泵房及消防控制室送电。其余送电工作于 7 月 25 日前全部完成。

7）设备通电调试

办公楼首先进行消防验收，所以与这相关的设备是调试重点，于 2011 年 7 月 20 日开始，先进行风机、消防水泵等调试工作。消防相关设备调试于 8 月 3 日完成，其他部位通电调试于 8 月 15 日完成。

（10）弱电工程

弱电工程于 2011 年 4 月开始进场施工，4、5 月主要进行弱电线缆敷设工作，6、7 月主要进行设备落位与机柜安装，其中弱电机房于 7 月 20 日前全部完成。

弱电调试工作于 2011 年 7 月 20 日开始，其中单机调试于 7 月 30 日前完成，联合调试于 8 月 20 日完成。

（11）通风空调

地下室清理完毕后，通风、空调专业于 2011 年 10 月 20 日插入，共 43 人进行施工。为避免预留洞位置不准的问题，技术人员应先于二次结构施工前进场，配合预留，以保证后期不需要大面积砸墙而产生补墙及清运垃圾。通风、空调于 2011 年 7 月施工完成。

（12）消防喷淋

塔楼喷淋及消防于 2011 年 2 月 25 日进场施工，劳动力共 44 人。消防立管于 2011 年 4 月完成，由于楼内消防及装饰收口等原因，因此在正式消防立管安装并打压完成后，便取代临时消防管，以保证装饰工程展开，消防与喷淋于 2011 年 7 月底全部施工完成。

（13）给水排水工程

重力排水、雨水及压力排水管道于结构验收后及时插入施工，管道于 2011 年 4 月施工完成，济南雨期为 7、8 月，为保证地下室不因下雨而积水，5 月必须将水泵全部就位，以便及时将雨水排出。

（14）电梯工程

办公楼共有 7 台电梯，其中消防电梯 1 台、客梯 6 台。

由于外墙及装饰施工需要，室外施工电梯需提前拆除，因此主体结构验收后立即展开电梯的安装，确保在室外梯拆除时启用室内消防电梯以及两部客梯作为垂直运输工具。消防电梯及两部客梯安装时间为2011年2月20日～4月25日，经验收后立即投入使用。其余客梯安装时间为3月10日～6月30日，调试完成时间为7月10日。

(15) 冷却塔安装

办公楼共有4台冷却塔，2层商铺屋面施工完成后进场，2011年5月20日开始安装，于6月10日完成主体安装，后期根据空调水管安装进度进行水管与主体连接，6月底完成全部安装工作。

9. 独栋办公楼收尾计划

收口、收边、收尾工作是工程能否顺利交工的关键点，该项目于2011年7月（结构验收前1个月）集中对所有房间编号，逐层逐间进行排查记录，尤其是管井、强弱电间、卫生间、楼梯间等边角部位房间，并编排详细的销项计划，逐点排查进行销项，8月中旬开始保洁工作，保证在8月底顺利通过验收。

同时，在收尾阶段，最重要的工作还是以消防验收为主线的各类检测及各类设备调试。系统检测主要包括：避雷检测、电器设备检测、消防检测；设备调试主要有：送排风系统调试、消防栓系统调试、喷淋系统灌水调试、烟感报警系统调试、电梯调试及联动调试。

14.1.5 资源投入与配置

1. 独栋办公楼主楼主要材料消耗量（表14-27）

独栋办公楼主楼主要材料消耗量列表　　　　表14-27

序号	项目	分项	工程量	单位	人员	机械	备注
1	筏板	钢筋	750	T	115	四套机械	
		模板	1200	m²	30	QTZ25一台	
		混凝土	5700	m³	35	4台混凝土泵	2台汽车泵
2	负二层	钢筋	370	T	115	四套机械	1台布料机
		模板	10500	m²	125	QTZ25一台	模板满配
		混凝土	1700	m³	25	2台混凝土泵	1台汽车泵
3	负一层	钢筋	240	T	115	四套机械	1台布料机
		模板	9800	m²	125	QTZ25一台	模板满配
		混凝土	1850	m³	25	2台混凝土泵	1台汽车泵
4	一层	钢筋	110	T	95	两套机械	1台布料机
		模板	4200	m²	105	QTZ25一台	模板满配
		混凝土	545	m³	25	2台混凝土泵	1台汽车泵
5	二层	钢筋	105	T	65	两套机械	
		模板	4200	m²	95	QTZ25一台	模板满配
		混凝土	535	m³	20	2台混凝土地泵	1台布料机
6	标准层	钢筋	95	T	65	两套机械	施工梯一部
		模板	3500	m²	70	QTZ25一台	配三层模板
		混凝土	370	m³	20	2台混凝土地泵	1台布料机

续表

序号	项目	分项	工程量	单位	人员	机械	备注
7	二次结构施工	加气混凝土砌块	5200	m³	55		
		轻质隔墙	320	m³	45		
		洞口封堵	36	m³	15		
8	外墙工程	石材干挂	9500	m²	55	楼周全满搭吊篮，前期在16层后期在屋面	
		外墙涂料	9500	m²	35		
		铝合金窗	1314	樘	15		
9	屋面工程	找坡、找平	270	m³	8	机械一组	临时水、电的保证及垂直运输的合理使用是装饰阶段施工的关键，前期以施工电梯为主，后期以正式电梯的使用为主，要保证专人合理安排，将各单位的材料分主次先后及时运上楼
		防水层	3200	m²	6		
		保温及保护层	1600	m²	15		
		屋面面层施工	1600	m²	15		
10	室内房间	墙面抹灰	41000	m²	45	砂浆机2台	
		墙顶面乳胶漆	89000	m²	50		
		地面镶贴	26300	m²	45		
		防火门、木门	520	樘	6		
		栏杆	310	m	6		
11	公共部位精装	石材干挂	1900	m²	25		
		轻钢龙骨石膏板吊顶	3400	m²	25		
		墙面抹灰	4200	m²	20		
		走廊地面镶贴	2400	m²	18		
		走廊乳胶漆	8600	m²	30		
12	卫生间	墙面抹灰	1200	m²	8		
		地面防水	420	m²	4		
		墙地砖镶贴	420	m²	12		
		吊顶及乳胶漆	420	m²	8		
		洁具安装	182	套	10		
13	安装	上下水管道	13000	m	25		
		电气管线敷设穿线、避雷等	16500	m	35		
		通风管道、冷凝水管道安装	5500	m	60		
		机房设备安装	20	台	18		
		消防水电系统	17	套	65		
		弱电施工	26	套	12		

续表

序号	项目	分项	工程量	单位	人员	机械	备注
14	地下室装修	土方回填	1200	m³	20	1铲车 1小挖	前期先施工坡道,并尽快保证坡道的正常使用,地下室施工材料主要从坡道运输,这是保证地下室施工进度的关键点
		二次结构	700	m³	40		
		地面垫层	3000	m³	30	细石泵1台	
		墙地面安石粉	48000	m²	65		
		镶贴施工	1800	m²	20		
		楼梯石材	800	m²	15		
		水、电安装	18000	m²	35		
		通风施工	18000	m²	45		
		消防施工	18000	m²	30		
15	室外回填	室外防水施工	3600	m²	10		
		室外回填	12000	m³	6		
16		竣工清理	41600	m²	60		

2. 独栋办公楼各专业主要材料消耗量及各专业所占总造价的比率(表14-28、表14-29)

独栋办公楼主要材料消耗量列表　　　表14-28

分项名称	面积	主要材料							
		钢材		混凝土		模板		砌体	
办公楼	万m²	钢材总用量(t)	平方米含量(kg)	混凝土(m³)	平方米含量(m³)	模板(m²)	平方米含量(m²)	砌体	平方米含量(m³)
地上	8.3	4788	57.3	25525	0.306	192954	2.31	12240	0.146
地下	2.1	3989	190.4	25051	1.2	64112	3.06	1250	0.06

独栋办公楼各专业所占总造价的比率统计表　　　表14-29

工程名称	建筑面积万m²	层数	高度	总造价(亿)	各专业所占比率						
					土建	机电安装	钢结构	幕墙	装饰	开办费	管理费
办公楼	10.40	-2/26	105	2.32	37.56%	16.8%	0.41%	16.33%	20.1%	8.26%	0.54%

14.1.6 管理措施

1. 工期与策划

提前建立完善的计划保证体系是掌握施工管理主动权、控制施工生产局面,保证工程进度的关键一环。本项目的计划体系将以日、周、月、年和总控计划构成工期计划为主线,并由此派生出设计进度计划、独立承包商招标计划和进场计划、技术保障计划、商务保障计划、物资供应计划、质量检验与控制计划、安全防护计划及后勤保障一系列计划,形成分级计划控制。即在进度计划体制上,实行分级计划形式,结合本工程各分项工程量,制定总控进度计划,并指明各专业承包商的配合及施工工期。在这级施工进度计划中，充分考虑并保证专业系统调试时间充足。在总控进度计划的基础上，制定各阶段及各分部分项工程及各专业承包商的详细的二级施工进度计划。相对总控计划，二级进度计划适当提前，即各阶段点相对总控计划有一定的紧缩量，以下级计划保证总控进度计划的实现。三级计划为各专业流水段施工的详细计划。

经过综合分析，根据本工程开工晚6个月，但业主要求必须在11月18日大商业区开业时3、4号楼外墙必须大面积完成的总体目标，公司多次组织公司各职能部门与项目各职能部门进行对接，提前就工程组织实施中可能出现的问题和解决问题需采取的措施，进行了深入的沟通，并完善了资金、劳务、机械、材料、技术、安全及后勤保障等各项策划，为工程后面的组织施工开了个好头。

编制过程中，公司各职能部门积极地与项目部各部门对接，以业主方合同为中心，以实现业主方的各项要求为主导，相互之间进行沟通、协调，分别从材料、技术、财务、外部协调、劳务选择等多个方面，制定了多项保证工程按期完工的措施，为后期工程顺利发展奠定了基础。

2. 工期与资源管理

（1）独栋办公楼工期与劳务的选择

由于施工场地狭窄，且垂直运输需两台塔吊相互协作，经研究决定，3、4号办公楼选用一家劳务队伍。在选择队伍时选择长期与公司合作、口碑好且能保证足够的加班人员的队伍，最好选择农忙时期工人受影响小的南方队伍。最终3、4号办公楼选择了长期与公司合作的某劳务队进行施工，并取得了预期的效果。

（2）工期与物资采购模式、管理模式

项目供应管理的目标是及时、经济、稳定地保障项目资源的供应。众所周知，材料的供应占一个项目的体量的60%，要想干好一个项目、干赢一个项目，材料的供应至关重要！

本项目在材料的采购方面分为公司招投标采购和与甲方限价材料采购。具体包括以下工作。

1) 供应管理的决策。决定哪些资源自制，哪些资源外包或外购，这是整个供应管理最基本的决策；如果决定自制，则属于质量管理和时间管理的范畴；如果决定外购或外包，则需要根据项目的资源需求计划制定采购计划。这也是项目管理人员进场后首先要做的事情。在项目刚开工时，项目决策者就依据项目的工期和资金情况制定了三大工具（模板、钢管和扣件）由主体劳务队采购租赁的外包方案，这样既能缩减项目部人员的配置又能减少现场材料的损耗和浪费，同时也能根据现场的工作进度及时保证材料的进场和出场。

2) 制定采购计划。采购供应管理计划包括两个部分，一是制定采购的需求计划，包括材料在质量上的要求和材料的进场时间；二是制定材料采购的作业计划，包括安排采购或招标的工作流程、日程安排，使供应工作的进度与项目的实施进度相互衔接。本项目对材料供应计划的控制非常严格，由于工期紧张，为了有效地配合现场的施工，项目部要求所有材料的需求计划必须提前10天报至项目材料供应部门，由项目物资部制定相应的采购计划并报至公司，由公司及时组织人员进行招标投标。对于一次性采购金额在 5 万元以下的材料，通过项目部询价对比之后进行采购。

3）实施采购计划。根据采购计划，由项目物资主管配合公司物资人员进行市场调研，向供应商发盘询价，考察产品和供应商的供货能力，洽谈合作方法，实施招标。通过对供应商的实地考察，最终选择了济南市五家较大的商品混凝土供应商对项目部的混凝土进行供应，同时选择了公司材料库内三家较大的钢材供应商对项目部的钢材进行供应。这几家供应单位都是实力雄厚、信誉优良的企业，他们的加入，大大减轻了总包方的供货压力和资金压力，同时降低了材料成本。对以上几家单位的材料供应，一般情况下实行分段供应，但关键时刻也可考虑打乱顺序进行供应，确保整个项目的材料供应不受特殊情况的影响。对于项目施工中经常使用的低值易耗品和一些五金材料，在开工初期，通过招标、考察，确定了两家比较有实力的供应商负责专门供应现场急需的一些零星材料。为了控制好零星材料的成本，项目部以季度为单位进行市场调研，以确定零星材料价格的浮动标准。

4）合同跟进配合。对于选定好的供应商，通过对比与甲方签订的合同条款，依据公司的合同文本，与供应商签订合同。与甲方签订的合同的付款条件是按照工期的节点进行付款，因此与供应商签订合同的付款方式分为四个阶段，包括地下室封顶、主体封顶、春节前、工程竣工验收合格后一年内付清。

5）甲方限价材料的跟进。限价材料是指原合同文本中没有标明该材料的单价，通过甲方与我方共同确认后实施的联合招标的材料。该部分材料由我方和甲方共同推荐不少于三家的供应商共同联合招标，具体的实施过程由我方负责。通过联合招标选择好的供应商，项目部取得甲方领导签发盖章的书面文件后，包括单价的确定，将文件的原件与采购计划书同时呈报公司物资部存档并草签合同后进入正常评审程序。

（3）工期与资金管理

1）执行严格的预算管理。施工准备期间，编制项目全过程现金流量表，预测项目的现金流，对资金做到平衡使用，以丰补缺，避免资金的无计划管理。如按照合同要求，本工程既没有工程款预付，又不是按月付款，工程款支付完全是按照节点付款，项目部特制定了前期以公司财务部和项目部整合社会资源为主，主体封顶后以业主工程款为主，公司财务部调剂资金为辅的原则进行资金筹措。劳务分包工程款、材料购货款和机械付款结合业主付款情况也按业主合同约定的节点支付，杜绝预付款及过程付款，把资金风险转移给劳务公司、材料供应商和机械厂家。

2）执行专款专用制度：建立专门的工程资金账户，随着工程各阶段节点工程的完成，及时支付各专业队伍的劳务费用，防止施工中因资金问题而影响工程的进展，充分保证劳动力、机械、材料的及时进场。

3）执行严格的预算管理：

4）资金压力分解：在选择分包商、材料供应商时，提出部分支付的条件，向同意部分支付且相对资金雄厚的合格分包商、供应商进行倾斜。

（4）工期与技术管理

由于该工程体量大、工期紧，施工较为复杂且属于三边工程，公司为项目部配备了实力雄厚的技术力量，除项目总工程师外，独栋办公楼还单独配备了技术负责人一名，均为从事建筑行业多年的技术型人才。

项目技术部结合现场实际情况在多方面对施工方案进行了优化，除保证了工期外还为项目部创造了丰厚的利润，如：将地下室涂料墙面变更为安石粉墙面，车道处增加钢雨棚；塔楼内将原设计室内加气块隔墙变更为ALC轻质混凝土板墙；将原有普通抹灰改为了粉刷石膏；涂料顶棚变更为矿棉板吊顶；水泥压光地面变更为地板砖地面；水泥压光楼梯间地面改为了大理石石材地面；同时还将机房内岩棉板变更为穿孔装饰吸声板；将屋面细石混凝土找坡改为了泡沫混凝土找坡。

（5）工期与施工机械设备配置

垂直运输是影响工期的关键因素之一，为确保材料的垂直运输，项目部每栋塔楼安装QTZ25塔吊一台，裙楼施工阶段现场使用25t吊车两辆以保证材料的运输；混凝土运输方面现场长期有两台车载泵待命，且一台备用泵随时待命以备应急使用；同时为加快混凝土的施工速度，项目部还准备了两台布料机供混凝土施工用；为加快钢筋施工速度，现场设箍筋加工厂一个，所有箍筋均专人成批加工。

3. 工期与专业分包

（1）工期与机电安装紧密配合

1）在施工过程中，项目部认真进行管理，施工过程中严格执行统一部署的总工期目标，在努力做好自身工作的基础上，向其他分包单位提供对工程有利的合理化建议，干好本工程。

2）由于本工程在施工过程中有消防、空调及水电安装等多个单位在同一现场施工，在施工中相互交叉或同工作面"撞车"是在所难免的，遇到这种情况，项目部积极做好协调和安排工作，以确保整个工程的顺利进行。

3）在各机电安装专业施工前，提前为各单位提供土建的施工进度计划，确保他们能依据土建进度计划调配资源，从而确保了工期顺利实现。

4）定期举行工程协调会，对在土建施工过程中必须进行的洞口预留、预埋件埋设等进行统一的协调安排，并对各机电安装单位之间相互配合进行综合排版，使各机电安装队伍施工既方便又能保证工程的施工质量，从而确保安装、装饰等精度要求较高的施工能够顺利进行。

5）在施工中（特别是在结构施工阶段），事先通知各单位进行安装预埋工作，并根据安装单位提供的施工情况以及预留孔洞尺寸、位置合理安排土建施工，避免窝工。同时将土建施工图与安装施工图进行对比消化，避免预埋后造成返工，从而确保工程工期。

6）在施工期间，主动与各队伍进行协调，协助他们找出预留预埋件，对其设备基础进行复测；如发生变更，及时进行修改，同时提供与本专业有关的隐蔽工程记录。施工过程中为专业系统安装所做的预留孔洞确保准确、到位。

7）与安装各单位的协调工作应遵守平等互利，对工程有利的原则，一切为工程施工提供便利条件。

8）特别是在卫生间施工时，积极与安装单位协调联系，准确地依据卫生洁具的型号尺寸及布置进行施工，做好卫生间施工。

9) 施工过程中协同各安装单位共同做好产品的保护工作，对安装好的设备及器具要进行封闭管理，诸如卫生洁具、配电箱等安装好后进行可靠的包扎，避免污染及影响电气元件的使用，同时对电气产品诸如配电箱等做好了防水保护工作。

10) 施工前向各安装单位了解需安装设备的规格、尺寸，便于为设备搬运和吊装提供施工通道，同时为它们施工提供便利条件。

11) 在相邻区域施工时，注意对专业系统成品或半成品的保护，不能任意攀登或踩踏。同时要求各单位在土建作业面上进行开洞、槽等工序时，必须采用机械开孔，确保了土建施工质量。

12) 在进行施工现场布置时，统一考虑了整个项目工程的统筹安排，对同时进行施工的各安装单位所需场地按照就近工作面的原则进行了分片、分块划分。

(2) 工期与装饰

1) 办公楼室内精装修由项目部组织施工。公共区域精装修，由公司的装饰公司进行施工，在资源配置方面有了充分的保证。项目部根据现场的实际情况，在结构验收后立即进行了装饰阶段的施工策划，特别是技术准备、劳动力资源准备、材料准备及垂直运输方面的策划。在主体结构封顶后及时对后期的装饰方案进行了详细的研究，并结合济南市的验收标准要求与建设单位沟通，优化了后期的装饰方案，同时提前对装饰效果进行了综合排版及样板层的施工。并且，在年前与各劳务队伍签订了合作意向书，为年后的装饰施工准备了充足的劳务人员。同时年前就与几家长期合作的材料供应商签订了材料供应合同并及时下发了材料计划，为装饰施工的材料准备奠定了基础。

2) 在装饰施工阶段，每天上午组织各施工队到现场巡查。巡查的目的是检查现场的施工进度、现场文明施工情况、安全生产情况等。由于参加现场巡查的人员多、时间有限，因此巡查不是为了解决现场碰到的具体问题，而是在巡查结束后将有关重要的内容记录下来，并及时发文要求各施工队予以确认。每周召开工程协调会，在协调会上，由各施工队汇报现场施工进度和存在的问题，以及下一步的工作安排，对存在的问题及时解决或限期解决。业主和总包商将各施工队在现场施工的情况与施工计划进行对比，对各施工队的工作进行点评，并布置下阶段工作。工作例会中形成会议纪要，并打印成文后发给各施工队予以确认。通过以上方式及时对存在的问题予以解决，同时又加强了对计划的落实及控制。

(3) 工期与立体交叉作业

室外施工方面，一般施工方案为脚手架拆除之后，再回填土及施工室外部分，本工程将方案修改为在地下室顶板混凝土浇筑完成后第一时间进行防水、保护层、回填土施工。这样，一方面可减少后期场地搬运给防水施工带来的成品保护困难以及不必要的损坏；另一方面可使室外工程的开始时间前置，缩短室外工程的施工周期。

施工过程中与安装单位紧密配合，地下室模板拆除后安装单位立刻对穿墙套管进行封堵，避免外部地下水渗入。在地下室及裙房模板拆除后安装单位立刻进行喷淋管、风管、消防管安装，为后续砌体施工错开时间，有效减少土建安装交界处的二次处理量。

主体封顶后，抓紧屋顶机房及女儿墙的施工。为电梯安装及屋面防水施工创造条件。室内电梯提前投入使用，将有利于室外人货梯拆除后的外墙收尾。吊篮先搭设在

26层，必须在屋面防水施工完后才能挪到屋面。

为配合大商业的开业，办公楼外装提前进入，外架施工时提前调整方案，预留幕墙施工空间。幕墙龙骨的焊接在外脚手架内开始施工，确保了外墙的施工，提前对外墙进行了封闭，为内装的施工提前创造了条件。

（4）工期与室外总体施工

室外雨污管网施工是工程顺利完工的重要环节，是室外景观、正式用水电及其他配套设施施工的前提条件，是关系到工程能否顺利验收并交付使用的重要因素。在室外雨污管网施工时确保以下条件：

1）尽早介入施工。

在主体封顶后，及时介入进行室外雨污管网施工。室外雨污管网是其他各管网及景观绿化施工的前提条件，只有尽早介入施工才能给其他工序创造有利条件。

2）见缝插针进行施工。

在室外雨污管网施工时，室外场地并未完全交出，不能按照常规从高标高处向低标高处循序施工，而是只要有空余场地必须从中间开始施工。这对标高控制非常严格，必须有专职测量人员配合施工，并对标高后视点进行严格保护，以保证室外雨污管网的施工质量，避免返工造成的工期损失。

3）避开障碍绕道施工。

施工时难免会遇到塔吊、施工电梯、脚手架、使用的施工场地等影响室外雨污管网施工的因素。及时与设计单位做好联系、沟通，在不影响其他管网、室外景观及自身使用功能的前提条件下将室外雨污管网施工位置进行调整，以方便施工。

4）增加作业面全方位施工。

因为没有按照标高进行常规施工，可以设置多个施工班组在不同的区域内进行施工，最后将整个管网汇合。

5）特殊情况特殊对待。

施工时往往会遇到意想不到的特殊情况，应及时加派人手突击施工，将对其他工序的影响降低到最小。

遇到管道过路时（主要运输道路）要在通知各区段的前提下在后半夜进行断路施工，挖开后立即铺设管道，砌筑保护墙将管道进行混凝土覆盖保护，再进行回填施工，并铺上路基箱或铁板等加以保护，避免运输车辆通过对管道造成破坏。

6）成品保护与疏通排查

室外管网施工，会与外立面施工、落脚手架、室外景观、绿化施工等同时或先后进行，施工过程中难免会被其他工序所破坏，这时需要派专人对已施工完成的室外管网进行监控，将损失减少到最低，大面积返工意味着工期流失。

在室外景观道路面层施工前需对室外管网进行通水试验，发现问题及时疏通排除，避免在室外景观面层完成后发现管道堵塞、破损等问题，导致返工破坏室外景观面层，影响工期。

4. 工期与商务

（1）工期与法务合约

按照合同约定,如果"主体封顶"、"竣工验收"不能按期完成,承包商将按照每延误一天赔偿 30 万人民币的标准赔偿给业主。每延误一天的赔偿金额巨大,且工期非常紧张,这就要求法务合约及时跟进,为此公司法务部设立专人作为项目法务顾问,对履约过程中发生的风险情况及时出具法律意见书及履约警示通知书,将存在的风险及时遏制,最大化地将潜在的风险降到最低点。项目商务经理兼职法务联络员,项目人员应当首先分析工期风险的因素,抓住主要因素加以控制。项目部要对项目管理人员有明确的分工,各工段的单位工程负责人对其所负责的工段要认真做好施工记录,并结合合同约定和法律规定的索赔与反索赔时限等要求,收集各阶段工期索赔证据,创造索赔条件,及时送达索赔报告,这对争取工期补偿至关重要。尤其应当注意承包合同中规定的索赔程序,严格按照合同约定的程序来办理。

(2) 工期与成本控制

1) 抢工将会给工程带来不小的影响,具体情况如下:

① 工期加快,周转材料投入将会增加,加大施工成本,如独栋办公楼地下室单层面积一万多平方米,如错开施工,个别区段模板及脚手架等材料部分可以倒出使用,尤其是墙柱模板。但为了加快施工进度,地下室两层必须满配梁板模板,墙柱模板必须满配一层,主楼上模板每栋楼也增配一层。同时为确保施工速度,在人员投入方面也必须适当增加,尤其是在基础施工阶段。由于模板及架管扣件等材料由劳务公司自行负责购买及租赁,为确保工期的实现,项目部为劳务公司进行了综合分析,即人工、钢管、扣件、模板等投入量虽然增加,尤其是人工、模板、木方等,但是整改工程工期缩短,周转工具租赁费大大降低,最终与劳务公司签订抢工协议,如能按期完成施工内容,项目部将给予每平方米 5 元的抢工奖励。共计 10.4 万 $m^2 \times 5$ 元$/m^2 = 52$ 万元

② 抢工后工期有所缩短,整体工期缩短按 60 天计算,项目部费用有所减少,具体如下:

独栋办公楼项目部管理人员:23 人×5000 元/人·天×60 天=69 万元

项目部租赁临时宿舍费用:12 万元/月×2 个月=24 万元

塔吊升降机租赁费用:(1200+500)元×2 栋楼×60 天=20.4 万

项目部直接成本降低完全超过抢工所造成的费用增加。

2) 工程抢工必须合理进行,避免不必要浪费的出现:

① 工程施工绝对不能盲目地进行抢工,必须严格按照施工规范要求进行施工,严禁出现任何未按要求施工而造成的质量缺陷或返工的情况,同时杜绝浪费情况的出现。

② 合理的调配劳动力、机械及材料等,避免造成有工作面无人施工;同时又要避免工人窝工。

③ 合理的技术方案是保证工期与成本的必要条件,必要的方案优化是工期的保证,如主楼的分段施工既保证了工人的流水作业、减少了垂直运输的压力,同时也大大缩减了技术间歇的时间。

④ 技术成本的控制,在施工时不能因工期紧迫而放松对细部质量的控制,垂直、平整、定位及标高等必须严格控制,为后期装饰阶段的施工提供较好的条件,用技术管理来减少成本投入。

3) 抢工的成本降低措施
① 成本降低措施
A. 分包成本降低措施

本工程的劳务分包全部由项目配合公司劳务公司进行劳务招议标，经过招标、开标、评标和谈判等一系列过程，最后确定合理低价的单位进场施工。通过招标选择和市场竞争，以形成合理的人工费。

为了避免劳务队伍上报的单价过高，项目部根据本工程已确定的施工方案进行劳务测算，以保证最后确定的劳务单价比较合理，防止劳务队哄抬价格。

B. 材料成本降低措施

本工程项目供应的材料主要为钢筋、商品混凝土及小五金，其余的零星材料由劳务队自供。为了节约材料费，通过以下措施来降低本工程的材料费。

a. 钢筋

钢筋由公司组织集中采购，通过材料招议标，在本工程许可的支付条件下，确定价格最低的合格供应商进行钢筋的供应。在施工过程中，项目还应通过以下措施来加以控制：

● 严格控制钢筋进场数量

钢筋进场时，应确定由项目材料员、钢筋工长、劳务队材料负责人等人员同时参加验收。根据以往工程的施工经验，在钢筋进场中存在着一些问题。安排这些人员同时参加验收，力争通过多方参加以避免相关问题的出现。现场盘圆钢筋除过磅验收外，还要抽检其是否达到国家标准的要求，不能存在钢筋直径偏大的问题，以造成实际钢筋用量偏大。直条钢筋应现场解捆清点数量，同时也要进行钢筋直径的检测，以进行重量的计算。特别要注意有些钢筋供应商在一捆钢筋的两头插入钢筋头，以冒充整条钢筋。最好能够做到直条钢筋在点数之后，也能过磅称重，以检验与点数计算的重量是否相符，确实把好钢筋进场的数量关。让劳务队材料负责人参加验收，保证这部分钢筋进场后能及时转入劳务队领用量中，以便于最后钢筋用量的核算，同时起到多方控制的效果。

● 与劳务队确定好钢筋节超奖罚内容

在公司与劳务队签订合同时，项目部应要求劳务队负责控制本工程的钢筋用量，确保钢筋原材节省率不低于设定的比例，在合同中还要明确相应的节超奖罚措施。由劳务队提前送交钢筋下料单，项目部钢筋工长和合约人员负责审核确认，在此基础上加上一定的损耗，作为钢筋使用控制的依据。如果劳务队在合理的范围之内进行钢筋的节省和短料充分利用，使得钢筋现场实际用量小于下料审核数量和规定的损耗，应给予劳务队一定的奖励。如果钢筋现场实际用量大于下料审核数量和规定的损耗，则全额从劳务队的工程款或履约保证金中扣除。

● 做好现场钢筋的防盗工作

本工程虽然为封闭式的现场，但附近在施工程也较多，要切实做好现场钢筋的防盗工作。要切实加强夜间保安的巡察工作，尤其要注意夜间出入工地车辆的检查，在施工现场包括办公区和生活区设置摄像头，防止现场钢筋被盗。

b. 商品混凝土

本工程的商品混凝土也由公司组织集中采购，通过材料招议标，在工程许可的支付条件下，确定价格最低的合格供应商进行商品混凝土的供应，同时项目部现场安装地磅，所有混凝土车辆必须过磅以确定方量，如有方量不够的情况后期结算时将此浇筑混凝土全部按比例扣除。

c. 小五金材料

本工程小五金材料由总包方供应，零星材料在劳务队合同中确定用量，超出部分费用均从劳务队劳务费中扣除。零星材料单价以季度为标准由物资部进行询价，每种材料的询价要不少于三家报价单位，物资部将询价表整理完毕并经合约部、项目经理签完字后，报公司材料部及公司领导审批。

C. 机械成本降低措施

本工程经过施工组织设计合理优化，投入了两台 25/14 塔吊及两台人货两用电梯，全部由租赁公司提供。现场所有机械均由机械租赁公司提供的有证且有多年操作经验的司机进行操作，由项目部统一管理、考勤及发放工资，同时租赁公司配备一名专职机械修理人员在现场，负责对司机的管理及机械平时的保养和维修工作。

D. 现场经费成本降低措施

CI 成本：由公司组织招标，选择长期合作而且价格低的公司施工。

管理人员工资：现场投入的管理人员的数量应不大于公司规定的人数，有些岗位可以安排相关人员兼职，以提高工作效率，节省相关费用。

临时设施用水用电费用：在与分包签订合同时，约定施工现场用电一级电箱由项目安装。施工现场临时用水主立管由项目部提供材料。二级电箱由项目部提供材料，由劳务队领用，劳务队负责安装及保管，丢失和损坏由劳务队按原价赔偿，这样既能节省临时水电安装的费用，还可以保证材料不丢失。

临时水电使用数量由办公室负责计量，超出部分的费用由办公室负责统计后交合约部在劳务费用中扣除。

② 项目实行全员风险抵押

为了调动项目所有人员的积极性，项目所有管理人员都参加风险抵押，在跟公司签订两制合同后，项目部把各项指标分解到项目部每个人，项目部跟项目管理人员签定责任状，下达各项经济指标。项目部根据项目管理人员的不同岗位缴纳一定的风险抵押，风险抵押分两种形式缴纳，一种是以现金形式缴纳，一种是在每个月工资中扣除一部分缴纳。

③ 项目绩效考核与奖罚机制

A. 周考核

项目部每周一举行例会，每周考核一次，主要从质量、进度、安全、成本控制等方面考核。考核由每个部门组成一个考核小组，不但考核项目部管理人员而且还考核劳务班组。表现优秀的个人或班组，在例会上当场发放奖金；表现不好的班组或个人给予罚款；项目部人员表现不好的在当月工资中扣除；劳务班组表现不好的在当月工程款中扣除。

B. 竣工后考核兑现

项目完工后，所有劳务队结算完成，材料账目对清，跟业主的结算完成，工程款收回，债权债务理清，按照与公司签订的两制合同给予兑现。

项目部只有有健全的考核机制，做到奖罚分明，才能调动全员的积极性，只有充分调动项目所有人员的积极性，才能保证项目各项指标顺利地完成。

（3）工期与总、分包结算

① 总包结算：

由于业主要求的工期时间，在进场后立即安排合约人员熟悉图纸，尽快地把工作量计算出来，此外还为此工作购买了计算软件，用软件算量加快了速度。由于合同约定工程竣工交付后，决算审计完成才能付款至结算额的 95%，为了尽快收回工程款，工程量计算完成后立即跟业主和业主审计单位沟通，请跟踪审计单位审计，在还未竣工之前把图纸内结算工作完成，将结算工程穿插到整个施工过程中，为及时收回工程款提供平台。

对在过程中发生的工程签证及变更，及时收集、整理有效证据资料，并及时递交给对方办理相关手续，及时找跟踪审计核价。

② 分包结算：

由于工期非常紧张，所以参加施工的劳务单位多，这就给劳务结算带来一定的难度，项目部要求也是跟业主结算一样，在施工过程中与劳务队完成工作量核对。劳务队作业过程中的签证工作每个月核对一次，做到施工员、工段长、生产副经理、商务经理、项目经理层层把关签字，这样就能避免由于抢工、后期结算时期时间长及后期人员调动给劳务结算带来的不利因素。

5. 工期与现场管理

（1）工期与总平面

1）管理原则

根据施工总平面布置及各阶段布置，以充分保障阶段性施工重点，保证进度计划的顺利实施为目的。在工程实施前，制订详细的大型机具使用及进退场计划，主材及周转材料生产、加工、堆放、运输计划，同时制订以上计划的具体实施方案，严格执行、奖惩分明，实施科学文明管理。施工平面布置原则详见图 14-6。

2）管理体系

由项目部协调管理部负责施工现场总平面的使用管理，并统一协调指挥。建立健全调度制度，根据工程进度及施工需要对总平面的使用进行协调和动态管理，并由项目部协调管理部负责对总平面的使用的日常管理工作。

3）管理计划的制订

施工平面科学管理的关键是科学的规划和周密详细的具体计划。在工程进度网络计划的基础上形成主材、机械、劳动力的进退场、垂直运输等计划，以确保工程进度、充分均衡利用平面空间为目标，制订出切合实际的平面管理实施计划。同时将计划输入电脑，进行有效的动态管理。

（2）工期与现场文明施工

1）封闭管理

施工现场四周设置围挡，施工现场内实行封闭管理，出入口均设门岗，负责监督进

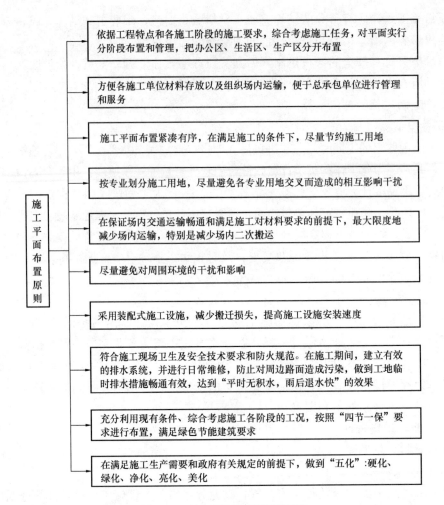

图 14-6　施工平面布置原则框图

入施工现场人员的安全帽佩戴情况。

2）现场标牌及宣传栏

在现场入口显著位置张挂"七牌一图"，在场区内适当位置设置宣传栏、黑板报，张挂国旗、公司旗、彩旗、安全文明施工标语。

3）场区保洁

场区入口设置洗车台，配备冲洗设备，安排专人负责保洁，清理道路积尘、雨水、洒水除尘等，场内垃圾按指定地点堆放。

4）垃圾清运及材料堆放

垃圾分类集中密闭堆放，各楼层垃圾袋装并及时通过人货电梯运至地面，再集中清理至垃圾堆放点统一外运，严禁临空抛洒。现场材料码放整齐并挂牌标示，钢筋、模板原材及半成品堆放时底部必须采用木方垫衬。

5）工完场清

现场施工坚持执行"工完场清"、"谁施工，谁清理"制度，施工完毕及时清理余料、垃圾，禁止随意丢弃，保持良好的安全作业环境。

(3) 工期与质量

1) 严格执行样板引路制度,无论是结构施工还是装饰施工必须先施工样板间或样板区,样板验收合格后组织所有施工人员进行现场交底,严格按样板施工。

2) 编制合理的施工组织方案,根据现场垂运情况、施工作业面、材料供应情况等因素合理配置人员,组织工序穿插作业等真正做到抢而不乱。本工程在主体施工阶段,根据现场情况将结构分成两段施工减少垂直运输的压力,在混凝土浇筑前提前将上层的竖向钢筋绑扎完成,减少因混凝土硬化过程带来的工序间歇。

3) 成立质量管理组织机构及推行质量管理责任制,并与项目部主要管理人员签订质量控制责任状,在确保工期的同时保证工程质量。

(4) 工期与安全

1) 项目部成立安全管理小组,定期进行安全检查,及时对工人进行安全交底尤其是现场交底,除配备专职安全员外还要求每一名管理人员都起到安全员的作用,真正做到人人懂安全,人人管安全。

2) 由于工期紧迫,所以防止交叉作业是安全施工的重点控制项目,经与建设单位协商后在所有存在交叉作业的地方及时搭设了安全防护棚及安全防护平台,并由兼职安全员专人对交叉作业项目进行控制及制止。

3) 将安全隐患明朗化,在每层设置安全隐患警示平面图,以提醒工人引起重视,并在每层设置安全检查记录牌,以便于安全管理人员每天将当层检查情况进行记录及标示,发现隐患及时整改或制止。

(5) 工期与节能降耗环境保护

夜间施工时,加强安全设施管理,重点检查作业层四周安全围护、临边洞口防护等部位,确保夜间施工安全。提前做好扰民安抚工作,现场围墙、门口、道口等显要位置张贴夜间施工告示;靠近居民楼的一侧搭设隔声墙,对泵车等机械加设隔声棚。

14.1.7 项目经验与教训

1. 多开门,多修路确保材料运输

由于济南某商业广场南侧紧邻经四路,西侧及东侧分别为经一路及万达东路,北侧为万达路,整个基坑东西长500m,南北宽100m,且整个地下室同时施工,场地非常紧张。3、4号办公楼南侧围挡距基坑边最近处只有4m,最远处也只有17m,西侧基坑边宽度为100m,但有50m的位置基坑边距临近高层建筑的距离只有2.5m,基坑的整个北侧为项目部的办公室,距基坑边只有4m,现场非常紧张,根本没无法形成环形道路,材料的运输都是问题。所以为确保材料的运输,项目部在经四路、纬一路、万达路共设置了4个大门,在大门侧面的空地上设置材料加工及堆场,克服了材料运输及堆放的问题。

2. 不留尾巴

地下室施工阶段,绝对不留尾巴。有些不起眼的部位往往被忽视,如地下室排风竖井、自行车坡道、汽车坡道、安装预埋管等,这些部位一旦甩下将对以后的施工造成很大的麻烦。其一,雨水顺着这些部位流入地下室,给地下室的施工带来不便,也给防水造成隐患;其二后施工结构不但影响总工期,还会影响市政工程及装饰工程的施工。

3. 施工组织方面的经验总结

（1）土方开挖及回填施工应尽量避开雨期。

（2）车库结构封顶后，立即组织对外墙的拆模及清理，对后浇带进行临时封堵后进行外墙防水及回填的施工，及时打通车库通道，地下室材料通过车库出入口进出，为室内回填及二次结构施工提供便利条件。

（3）车库顶板应在车库封顶后及时进行防水施工，避免后期材料堆放影响车库顶板防水施工。

屋面工程必须在结构完成后立即进行施工。

4. 加强业主分包方管理，切实做好总承包服务

对一些专业性较强的分项工程，与业主签订的都是三方合同，在业主分包的合同签订以及过程付款中均需总包单位签字、盖章。虽然在这些甲分包工程的实施过程中，业主方均直接管理，但是总包单位也不能不管不顾。因此在业主分包的合同签订、过程施工中，项目部均进行了深度的管理，在合同中规定业主分包的工期进度要求，必须满足我总包单位的进度要求；业主分包的进度计划，必须以总包单位的进度计划为导向。同时现场施工也必须密切配合业主分包的工作。通过以上多种方式的配合，使参建各方在思想上、步调上、节奏上形成了高度统一，共同保证了工期进度目标的实现。

5. 保证垂直运输及材料供应，满足进度要求

经过对楼层材料运输量以及人货电梯运输量的计算，3、4号办公楼由于场地紧张，且现场无循环道路，所有材料都需用塔吊进行运输，项目部经研究后决定每栋办公楼安装了 H25/14 塔吊一台，增加垂直运输的运输能力。且在主体施工到 6 层后及时安装施工电梯，补充垂直运输不足的缺陷，并在主体验收后立即开始了正式电梯的安装，保证装饰阶段的垂直运输能力。

项目在选择材料供应商时，不只选择一家供应商，在招标时同时选择 2~3 家中标，原则上分片供应，同时在供应不及时，打乱分片供应原则。

6. 安装方面

（1）各层卫生间洁具排水管要加管堵，安装单位在竣工验收前逐层卫生间做灌水、通球试验时，发现有多处排水管被堵塞。

（2）对于甲供材质量要加强控制，地下室压力排水系统的控制柜、浮球阀、水泵均为甲供材，由于浮球阀及水泵质量不佳，造成经常返工，花费大量人力调试维修。

（3）对于公共部分的灯具、开关、插座，必须选择质量值得信赖的品牌，否则，后期会花大量的人工更换，造成人力资源浪费。

（4）注重混凝土浇筑过程中预埋管线的成品保护，避免造成后期疏通、穿线困难。

（5）注重工期的同时，不能忽略了质量的控制。过程中要对质量严格控制，减小后期的维修压力。

14.1.8 思考与建议

1. 提前分析工程特点合理组织施工

（1）材料的供应是否受到影响。本工程地处闹市区，主要材料主要靠夜间进场，尤其是需连续施工的混凝土，每天早晚高峰期各禁行2小时，影响较大。

（2）交通情况是否便利，主要考虑钢筋、混凝土等大宗材料的进场是否便利，本工程交通便利，有充足的道路空间用于调车错车或压车。

（3）周边是否存在居民区影响夜间施工。本工程，东西北三侧均为新建建筑，南侧是马路及办公楼，基本不会影响到夜间施工。

（4）施工场地是否充足，影响整体施工部署。本工程前期场地较为紧张，但地下室顶板施工完成后场地条件将大大改善。

（5）垂直运输是否充足，能否满足施工进度的需求。根据独栋办公楼工期紧任务重的特点，在两个塔楼位置布置QTZ25塔吊各一台，同时地下室施工时为减少垂直运输的影响，东侧地下室借助一期西北及西南方向的塔吊，基础施工阶段临时调用25t吊车一辆减少垂运压力。

2. 抓住重点进行管理

（1）劳动力的合理配备：根据垂直运输情况、工人工作时间，工人劳动效率及工作面情况合理配备施工人员。

（2）合理的工序穿插是提高工作效率的重点之一，这在主体施工阶段表现得尤为重要。如在顶部混凝土浇筑前提前将上层竖向钢筋绑扎完毕，混凝土浇筑完后木工即可全面展开，将最复杂的核心筒模板施工时间提前一天。

（3）地下室外墙防水及回填的施工直接影响到后期工程的开展，所以应在外墙拆模后即刻进行回填（后浇带可采取清理后先外侧砌墙封堵保护，以为防水及回填施工提供条件），如不能及时回填不但带来较大安全隐患，同时为工程的整体组织带来较大障碍。

（4）地下室车道必须与结构同时施工并及时通车，只有坡道通车才能保证地下室工程的顺利进展。

屋面工程应在结构验收后必须立刻进行施工，屋面断水是装饰施工的重要条件之一，如不及时施工后期施工难度将越来越大。

（5）外窗工程的提前进入。外墙封闭是装饰施工的前提条件，要想装饰工程能尽早展开，外墙施工必须提前进行，结构完成后外墙施工将是重中之重。

（6）装饰阶段各安装专业施工前必须出具合理的排版图，并根据排版图进行样板层的施工，为后期大面积展开提供必要的技术支持，减少后期因各家安装之间的冲突而带来的返工。

（7）装饰阶段的垂直运输。室内电梯施工必须尽早介入，只靠施工电梯根本无法满足装饰阶段的使用，所以在装饰工程大面积展开时，正式电梯必须安装完2~3部，同时也为室外梯的拆除提供条件。此外施工电梯的合理安排也是装饰工程能否顺利展开的前提，所以必须专人负责合理安排电梯使用，各单位使用时必须提前书面申请避免降效。

（8）竣工前收边收口收尾工作的排查及落实。尤其是各机房、管井等房间内的剩余工程量排查，只有及时将这部分工作整改落实到位，顺利交工才能成为可能。

使用功能的完善，电器、消防设备的调试及消防验收是竣工验收的必须条件，所以应引起高度重视，并提前成立消控小组组织落实。

14.2 石家庄某项目工期管理

14.2.1 工程概况

工程名称：石家庄某城市综合体项目。
工程性质：总承包。
建筑面积：183 万 m^2，共计 45 个单体。
占地面积：40.5 hm^2。
建设单位：某集团投资有限公司。
设计单位：××建筑设计有限公司。
施工单位：中国建筑第八工程局有限公司。
监理单位：××建设监理有限责任公司。
总工期：1214 日历天。

14.2.2 工程概述

（1）石家庄市某城市综合体工程是目前全国规模最大的城市综合体项目——项目总建筑面积达 183 万 m^2，共有 45 个单体，塔楼层高地上 20～34 层，地下 2～3 层；居住部分总建筑面积 120 万 m^2，商业办公部分总建筑面积 63 万 m^2；总用地面积 40.5 hm^2，居住部分用地面积 26.08 hm^2，商业办公部分用地面积 14.42 hm^2；现已全部开工在建。目前已完成 170 万 m^2，42 栋封顶。

（2）本工程涵盖了商业综合体、超五星级酒店、5A 级写字楼、销售住宅楼、回迁住宅楼、学校、幼儿园以及城市综合体内市政管网、绿化景观、道路等工程，工程复杂、施工难度大。

（3）本工程于 2010 年 4 月正式开工，竣工日期为 2012 年 9 月，工期压力大。由于工期紧张，进场劳务及专业队伍多，劳动力变动频繁，造成对进场劳动力教育难度大。工人加班频繁，雨天、夜间施工多，安全控制难度大。

（4）工程全貌如图 14-7 所示，项目总平面图如图 14-8 所示。

（5）石家庄某城市综合体项目具有以下特点：

1）项目施工体量大。该项目是目前全国规模最大的城市综合体项目——项目总建筑面积达 183 万 m^2，也是一次开工面积最大的在建工程，现已全部开工在建。

2）工期紧、任务重、功能复杂。面临如此之大的施工任务，工程开工日期为 2010 年 4 月，竣工日期为 2012 年 9 月，工期压力大。

3）项目涵盖了商业综合体、超五星级酒店、5A 级写字楼等类别工程，工程复杂、施工难度大。

4）工程融资额度高。本工程属于融资施工，依据工程管控计划及工程款回收计划进行资金管理。

5）工程体量大。项目工期紧、分包多、交叉施工多，劳动力和周转材料、施工机

图 14-7 石家庄某项目全貌

2010 年 4 月　项目开工

2012 年 4 月　项目实景

图 14-8 石家庄某项目实景图

械投入数量加大,协调难度大,因而工效降低。

6) 高度集权。集团高度集权,对项目公司的管理相当严格,给予项目公司的权限很小,业主管理规范、流程复杂。

7) 赶工期出现大量工序非常规交叉施工、防护难度大，紧张工期必须增加施工人员，采取"人海战"和加班加点来完成施工任务，相应地也需要更多的周转材料，从而增加了施工过程中的安全隐患。

8) 项目完成情况

① B1 南住宅项目主体施工 4 个月（面积 15.6 万 m^2，4 栋 34/2 层），提前 40 天完成地下室部分结构施工，大大提前了建设单位的销售进度，最终提前 45 天完成主体结构封顶，整个工期 18 月。

② E1 区大商业主体施工 5 个月（面积 32.6 万 m^2，4 栋 29/3 层，裙房 3～5 层），主体封顶提前了 25 天。

③ E1 大酒店主体施工 5 个月（面积 5.6 万 m^2，20/3 层，裙房 4 层）项目主体封顶提前了 32 天，整个工期 16 月。

特别值得一提的是，B1 南住宅、E1 区大商业、酒店共计 65 万 m^2 工程开工时，土方开挖阶段，创造了在繁华都市一夜出土 3.8 万 m^3 的土方施工记录；每一个施工区段在土方开挖的同时穿插进行 CFG 桩基施工，平均每一段 CFG 桩基施工不超过 8 天，确保基础底板施工的提前穿插；各区段主体施工均达到了 2.5～4 天一层的施工进度，扎实、稳健、快速、卓见成效的管理工作，得到了业主总部的多次表扬。

14.2.3 管理目标

（1）安全目标：杜绝死亡、重伤和重大机械和火灾事故，一般事故频率不超过 1.5‰。

（2）质量目标：中建杯，鲁班奖超五星酒店。

（3）工期目标：2010 年 4 月正式开工，竣工日期为 2012 年 9 月。

（4）文明施工：省"安全文明样板工地"；中建总公司 CI 创优工程。

（5）环保目标：万元产值综合能耗 0.222；杜绝群体轻伤、食物中毒事故；杜绝有毒有害物质泄漏等影响较大的环境污染事故。

（6）成本目标：工程款回收达 95%。

（7）技术目标：创"局级科技示范工程"科学技术奖。

（8）绿色施工：四节一保，节能降耗，减少污染。

14.2.4 项目取得的阶段性成果

1. 项目获得的荣誉

（1）荣获 2010 年省级安全文明工地；

（2）被评为市先进单位；

（3）项目经理获得全国优秀项目经理和市优秀共产党员称号；

（4）酒店获 2010 年结构优质工程。

2. 工程实体进度

总建筑面积 183 万 m^2，45 栋单体，目前已竣工交付 6 栋，总建筑面积 45 万 m^2；完成主体施工在建 160 万 m^2；酒店、大型商业于 2011 年 9 月正式营业。工程款回收率达到80％。

14.2.5 总包管理工期的举措

针对本工程特点，结合石家庄市当地及项目实际情况，项目部制定了一系列的总包管理施工措施，保证了工程安全、有序、顺利进行。

1. 针对性地进行组织团队建设

针对工程特点，项目部采用了矩阵式管理机构，设总承包管理部负责整个工程的总体部署和总承包管理。在总承包管理部设工程管理部、技术质量部、安全环境部、机电管理部、商务合约物资部、综合办公室和财务部。各个部门由相应的生产经理、商务经理、总工和项目书记分别管理并履行总承包管理职责。在总承包管理层下设八个独立区段，区段经理对整个区段的进度、质量、安全管理负责。区段的管理人员同时对区段经理及总包管理部各部门经理负责。

老员工与年轻员工、新员工之间采用导师制，管理人员每周两次进行技术、沟通技巧、加强责任心等方面的学习，针对每个管理人员，编制了各自的职业规划，调动了广大项目员工的管理积极性，项目管理水平有了很大的提高。

2. 注重全面项目策划

在开工前，项目部对项目管理进行了周密的策划，包括劳务队伍选择、工期策划、项目现金流策划、施工组织设计、施工方案的确定，机械设备的准备，大宗材料的招标，图纸、技术资料的准备，以及现场平面布置等。

对于劳务队伍选择，项目部从公司合格分包商名录中选择出多家劳务队伍进行合同谈判，同时为避免因劳动力不足而发生工期拖延的情况，对于劳务采取限量承包措施，每个分包施工工程量控制在 $8\sim15$ 万 m^2。

本工程合同工期为3年6个月，但由于拆迁原因实际开工时间滞后合同约定1年，然而应业主要求工程最终竣工时间并未进行调整，如何在短短两年多的时间内完成183万 m^2 的工程施工，这给项目施工组织带来了巨大的困难与挑战。完全打破了合同约定的整体分三期工程开发的计划，基本达到了全部工程地块一次性组织开发施工的要求，针对这一挑战，项目部迎难而上，为确保施工进度满足要求，在开工前在业主、监理等单位的配合下进行了工作。

(1) 编制详细的项目工期策划，针对每一个地块首先编制出涵盖开工、正负零、主体封顶、二次结构、内外装、二次机电、景观市政、消防验收、竣工备案等十一大节点的项目管控计划执行书。

(2) 组织专家对该执行书从人、材、机、法、环等五大方面进行可行性分析论证，最终经各参建单位会签，确定这一指导现场开发步骤、约束整个工程进展的纲领性文件。项目部又组织全体人员花大力气编制了项目细部节点计划执行书，共计一万多项工作，内容涵盖了设计、施工、商务、物资、安全、财务等与工程相关的所有工作内容，即严格约定了到某一时间节点哪项工作必须展开，哪项工作必须结束。这既是对项目管控计划执行书的细化分解，又是指导施工生产每天具体工作的工作手册。每天进行工作内容筛选，有针对性、目的性地进行工作。实践证明这一管理手段的实施，极为有效地对工程进展的各个环节做到了可控操作。

3. 项目资金策划

本项目根据合同条款为融资施工，开工前项目部依据工程开发部署先后组织编制了十余版项目资金计划表，根据该现金流显示本工程融资成本很高。在公司对于项目支持力度有限的情况下，如何运作整个项目资金，开源节流，保证工程不受资金的状况而影响进度，这是项目部面临的又一难题，对此项目部进行如下策划：

（1）选择实力雄厚有一定融资能力并且与公司有长期合作的优良资源，主要指劳务分包商、物资供货商、大型机械设备租赁商，在项目资金困难的情况下，提前洽谈好，获得分供方的理解与支持，转移风险，将风险因素降至最低。

（2）确定项目经理、分区经理的第一责任为沟通业主增加付款节点、提高付款比例，简化付款流程，加快付款进度。实践证明经过项目部重点策划与沟通，以上四项工作在 2010 年春节付款工作中均得到了很好的落实，对项目部度过年终付款难关起到了决定性作用。

（3）以节点付款为目标，有意识的安排现场施工生产，调整侧重方向，尽早实现每个施工节点工程款的回收，这一策划在本项目八个项目地块中始终得到了很好的贯彻与落实，缓解了项目整体资金压力。

（4）采取现金支票与承兑汇票相结合的付款形式，同时申请办理保理业务，来寻求解决项目资金缺口的新途径。

4. 加强总平面布置及施工部署的合理性

在平面布置上项目部采取了以下原则进行策划，并专门成立了以项目副经理挂帅的平面协调小组。

（1）现场道路，结合地块布局及市政道路，设置场区内 4 条干线（东西、南北向各两条）与各地块环线相结合的两级道路管理模式，缓解交通压力见图 14-9。

（2）每个施工地块都在场内设置环形道路，同时要与市政道路有足够多的出入口，才能保证道路的畅通无阻。本工程设置的出入口达 35 个。

（3）工人生活区、现场办公区设置原则：与市政部门沟通，结合现场地块开发进度，将主要办公、生活区设置在规划红线外，确保可以使用至工程竣工。不足部分设置在最后开发的地块，待该地块开工时进行拆除。剩余的红线外部分临建经测算，满足后期工程使用，从而在节省施工区平面占用的同时又节省了项目成本。

（4）场区临时供水：按地块红线设置大项目临水环网，整体与市政供水管线实现 8 个接驳点连接，保证现场整体水压及供水覆盖面积，在地块范围内设置支线供水，增加节阀，实现了统供分控的整体供水系统。

（5）临时供电，采取利用村内原有变压器与新增环网柜相结合的供电方式。采取整体临水、临电选取一家专业单位进行施工，并由其维护直至工程整体竣工的合同形式进行管理。实现了整体把控，减少了推诿扯皮。

（6）现场排水，采取尽量利用村内原有部分排水系统，同时对于该系统不能覆盖的部位进行新建排水管线的措施，将雨污水排至市政管线，实现了现场无积水的目标。

（7）加工场在后期开工的 A 地块设置了钢筋集中加工场，安装 2 台龙门吊，及 15

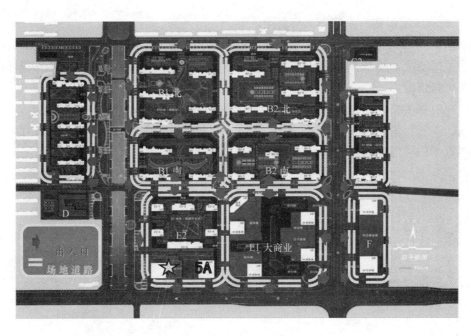

图 14-9 现场施工道路及出入口布置示意图

台钢筋加工数控设备,采取各地块钢筋集中加工,既解决了地块现场狭小不能满足加工场布置的问题,同时加快了进度、保证了质量、降低了成本。

(8) 本工程根据现场平面布置及开工顺序,共需要塔吊 48 台,分批进场、分批安装。项目部制订塔吊进出场及场内流转使用计划,提高了机械性能、效率和施工速度。

(9) 交通运输,是制约大面积施工的群体工程顺利进展的一个瓶颈。本工程由于各地块之间相对比较近,现场布置完加工、堆放场地后,公共道路宽度较小,因此每个施工地块都在场内设置环形道路,形成两级现场道路设置与管理,个别狭窄路段设置成单行通道,道路两侧喷绘白色道路边线标志,干线道路上禁止停放任何车辆、施工料具,有效地保证了场区内道路的畅通。同时整个场区共设置 35 个出入口与市政道路连接,为物资、资源的 24 小时进出场提供了可靠的保证。

E1 地块商业综合体,建筑总面积约为 32 万 m^2,占地面积约 $51000m^2$,东西长 221.8m,南北长 234.4m。中间裙房场地比较宽阔,周边场地狭窄,几乎没有材料堆放场地及加工场地。经过论证,项目部采取了从工程实体内 13~16 轴间预留 3 跨作为场内回填土及材料运输临时通道,并在预留跨内设置材料加工区,进行部分材料场内加工。

待裙楼施工到地上二层后开始集中进行预留跨部位施工,这一措施的采取既解决加工场地狭小、材料倒运困难等问题,又保证了周边场区道路的畅通。

对于施工部署方面,大型机械设备的租赁,项目部依托本公司的机械租赁公司,联系优良资源,进行合理选型,选取实力雄厚、机械设备资源充足的单位作为合作伙伴。劳动力部署方面,我们详排管管计划将工程量与进度控制相结合,合理测定功效编制整个工期内的劳动力需求计划,以该计划来约定劳动力资源。

5. 采取灵活多变的采购方式与管理

总包供应的物资包括可调价格材料、业主限价采购的物资和不可调价格采购的物资，由于体量大、品种多、资金短缺，项目部制定了详实的采购与支付方案，以保证工程施工材料供应。

（1）可调价格物资钢材、钢筋及镀锌钢管的采购。

由于本工程钢材采购量较大，全部钢材、钢筋及镀锌钢管的采购量约 13 万吨，为确保本工程的供应，根据资金情况，考虑控制采购成本的因素，联合甲方指定分包单位，依据量大的优势，共同选择大型战略供应商供货。而本地供应商仅作为因货源紧张及出现紧急采购时灵活使用。

（2）可调价格物资商品混凝土的采购。

基于对生产能力、融资能力及价格分析，本工程根据区段劳务分包情况选择了石家庄市 5 家大型混凝土搅拌站供应商品混凝土，并结成战略合作互惠关系，共同应对市场和业主两方面压力，不仅大大降低了采购成本，而且对于商品混凝土的业主批价非常有利。

（3）限价物资的采购。

对于限价物资的采购，由总包物资部门统一对接业主，负责策划向业主报价、提供供应商，利用最大的优势，争取业主批价不低于四家品牌供总承包方选择，从而实现了业主批价后二次竞标，不仅保证材料质量，而且实现采购效益的最大化。

6. 严格计划、主动管理、科学进行进度管理

业主对工期的要求，用业主的话就是"打铃交卷"，也就是集团定下的管控工期一天都不能拖。项目部面临前所未有的工期压力，因此项目部积极调整策略，进行进度管控：

（1）根据业主下达的销售计划和竣工计划（地下室封顶节点即是房子销售节点，主体封顶节点即是业主办理贷款节点，而工程交付即是销售物业小业主对银行还款节点。此三个节点直接关系到业主的资金回款，而业主的资金回款节点同时又是总承包方合同支付节点），项目部编制详实有效的节点计划、管控计划和销项计划，并编制成书。总包部、区段和各分包负责人签字作为"军令状"，人手一本，每天一考核。节点计划是里程碑事件，管控计划是节点计划的执行书，销项计划是考核单，三个计划三管齐下，保证了工期。

（2）装饰方案的确定、分包队伍的选择和甲供材料、设备的供应往往是影响工期的三大要素。根据这种情况，项目部与业主一起制定了需业主自行完成的装饰方案、分包队伍选择、甲供材料设备三个方面的节点计划，并编入管控计划与销项计划，由项目部监督业主完成，双方真正实现了互相促进，从而保证了工期。

（3）适时成立"抢工队"。项目每一个合同都有这样一项条款，"根据工程进展情况，总包有调整分包施工范围的权利"。当某一个施工队伍工期无法保证时，"抢工队"及时跟上，不仅起到"督战队"的作用，而且又是工期保证的"攻坚队"。

（4）做好工序的穿插，形成流水作业。在基坑挖土、护坡、打桩和地下室主体结构施工阶段，项目部采取的是先挖主体部位土方，后挖车库部位土方的策略。分区段打桩、清土、验槽、地下室结构施工，实现了挖土、打桩、清土、垫层、防水、地下室结构流水作业，穿插及时，同时在主体结构、二次结构、安装、装饰施工阶段，采用分层及时穿插、流水作业、不留任何空余作业面的施工方法，有效地利用了现场空间，节约了大量时间，为保证工期奠定了基础。

7. 完善体系，确保质量

在如此紧迫的工期下，做好现场工程的施工质量控制与管理，又是摆在项目面前的一道难题，项目部制定了相应的质量监控体系与管理措施。

（1）质量管理体系分为总包管理体系与区段管理体系，并分区段成立 PDCA 质量小组，针对现场质量问题，进行现场控制与管理。

（2）对质量各要素进行管控，从管理人员到操作工人，从进场材料到机械设备，从方案的制定、审批到施工环境、施工工序的控制，严控每一个工作环节，强化责任意识，保证工程施工质量。

（3）组织每周一次的质量检查评比，不仅把各分包的名次和存在的问题张榜公布，而且向各分包方的上级主管抄送一份综合检查的名次和检查存在问题的书面材料，以引起各协作单位的重视和支持。

（4）建立质量挂牌印章制度。每一处成品标明施工人员姓名及所属单位，实现个人、企业名誉与产品的挂钩，以加强质量管理力度。

8. 总分联动，全员参与安全管理

工程体量大、施工面广、劳务队伍与施工人员多，给安全管理带来很大的难度，项目员工积极贯彻"全员管安全"理念，经过项目员工的不懈努力，项目生产安全、平稳运行。

（1）与各分包单位签订《建设工程总分包安全管理协议》，明确甲乙双方权力与责任，为安全生产保驾护航。做好工作面的安全防护移交，明确安全责任区，动员各分包共同管安全。并在工地出入口，将每日危险源、管理措施、责任人张榜公示。

（2）做好安全管理策划。由总包项目经理组织项目部相关人员讨论编制项目安全管理策划。分阶段明确安全管理的重点、难点，并制定相应的措施。

（3）成立了由总包、各分包安全员组成的安全管理小组及安全检查队，总包安全员为队长，做到了有检查、有整改、有监督，有销项、有记录，发现隐患绝不放过。针对群塔作业、深基坑开挖、高支模等高安全隐患的分项工程，召开专家论证会确定方案，施工方案的落实必须由项目经理和总工亲自实施，确保安全生产。

（4）落实三级安全教育，安全教育做到了有计划、有师资、有教案、有记录、有考核。每周至少进行一次安全教育活动，每月覆盖全体人员。并针对不同的工种，定期组织学习，并播放相关教育片和事故案例，通过血淋淋的教训，警示工人。

9. 现场标准化实施与劳务分包的人性化管理

由于本项目的重要性非常突出，属于石家庄三年大变样的重点工程，影响力巨大，因此河北省、石家庄市各级政府部门经常到现场进行检查，在扩大项目宣传力度的同时，也对整个工程的现场管理提出了更高的要求。项目部依托总公司的项目管理手册，严格现场质量、安全、文明施工的各项管理，健全管理制度、强化各项落实、加大检查频率，实现现场标准化实施，经过全员努力，2010年本项目获得了酒店主体结构河北省优质结构工程奖，B1南、E1酒店两个项目获得了河北省省级安全文明工地的荣誉称号。

在劳务人员的管理上，项目部推行人性化管理，由于同期开工面积大，高峰期劳务人员超过一万人，结合现场情况采取了如下措施进行人员管理。

(1) 建设4处2万多平方米的工人生活区实行地块化集中管理。

(2) 开设农民工夜校，编制培训计划，分批定期对劳务工人进行技术、质量、安全、法律法规等方面培训提高工人的综合素质。

(3) 工人临建均采用阻燃岩棉板轻型彩钢结构，顶部均架设了消防喷淋设施，采用住宿房间低压供电，食堂、需要充电的设施（手机等）集中房间。分路供电的措施，保障了消防安全。

(4) 为了创造更好的工人生活条件，增加后勤保障，项目部投资700余万元，采购6台燃油锅炉，布设采暖措施，对所有工人宿舍进行了冬季集中供暖。

10. 强化流程、精细管理、完善授权、严格实施合约与资金管理

(1) 针对我方自主招标的分包单位与物资，合约部根据进度计划，制定招标计划，制定了明确的采购流程，通过项目部合同评审，根据采购标价范围分别由公司及项目审批。既有效地控制成本，又保障现场的施工进度、材料、大型机械设备供应。审批流程如下：

合约采购部起草招标文件→项目部各部门评审招标文件→项目经理批准→合约采购部组织招标→各部门及相关区域评审投标文件→选定中标单位→合约采购部起草合同→合同谈判→各部门评审合同→项目经理批准→提交公司审批（或授权项目签订）盖章→合同交底→实施。

(2) 对甲方指定分包单位的合同审批，项目部与建设单位沟通，在工程招标前，提前介入招标文件的编制与审核，施工单位的资格评审，对于有关项目利益的条款进行预控，保证了项目利益，规避了合同风险。

(3) 在项目开工前编制现金流量分析汇总表，并逐月进行细化，由项目管理层定期对项目的现金流量各节点进行分析，预控资金缺口，以防止资金链断裂。

由于本项目资金缺口较大，在积极与建设单位落实工程款支付的同时，项目部特别重视了对劳务单位、材料供应单位的付款流程的审批，在项目部履行会签手续过程中，强化施工图预算深度，保证工程款的合理支付，减少项目的资金成本。

11. 信息与资料管理

(1) 通过建立整个项目与各区地块QQ群的方式，强化了项目人员之间的联系，保证了项目内部信息的畅通，保证各类通知与要求能及时传达。

(2) 由于工程体量大，图纸、文件、变更较多，为统一管理，与建设单位的收发文工作进行"一对一"管理，即总包项目部设专人对接建设单位，由总包项目部对文件进行梳理后，再下发至各区段，保证文件流转的流程，避免了信息的交叉重叠。

12. 办公生活区集中管理

由总包综合办公室负责现场办公与生活区的集中管理。管理人员办公及住宿统一集中并包括监理办公室和甲方工程部,便于统一管理和沟通。工人生活宿舍区、办公区加装散热器,采用燃油锅炉采暖,禁止使用电暖气等大功率用电器,既保证消防安全,又节约用电。

提高自身的不足。

14.2.6 总结

在项目部共同努力下,在业主、监理单位、分包单位的大力配合下,石家庄该综合体工程取得了阶段性的成果,在某集团在建的五十多个项目的多次质量检查评比中,得分均名列前茅。

同时本工程也存在一些方面的不足,值得总结,使项目管理有一个可持续的发展,管理水平上升到更高的层次。

14.3 天津某广场工期管理

14.3.1 工程概况

1. 工程简介(表14-30)

工程概况   表14-30

1	工程名称	天津某广场	工程地址		天津市	
2	质量目标	合格	合同额		9.7亿	
3	主要功能		商业娱乐餐饮、住宅、办公一体的城市综合体			
4	合同开工日期	2009年5月1日	合同竣工日期	2011年4月30日	施工天数	730天
5	实际开工日期	2009年6月24日	竣工日期时间	2010年11月27日	实际天数	539天
6	建筑规模	总占地面积	81000m²	建筑总面积	536000m²	
7		单体个数	13栋高层	总建筑高度	112m	
8	群体分布	基坑个数	2个	基坑深度	11.5m	
		单个基坑面积	74000m²	基坑支护形式	桩锚和斜抛撑	
9	建筑性质		城市综合体(含大商业、写字楼、住宅、万达金街)			
10	结构类型		框剪结构			
11	施工个数/层	1栋大商业: 3~5层/地下2层	3栋写字楼: 20层/地下2层	8栋住宅: 35层/地下1层	金街 2层/地下2层	
12	建筑面积	213000m²	102000m²	210000m²	10000m²	
13	总包管理内容	大商业	总包管理甲指分包装修,商管分包店面装修及配合开业			
		写字楼	外墙及公共区域装修			
		住宅	户内墙、顶棚腻子、楼地面,门窗及公共区域装修			
14	总包施工内容	大商业	主体结构、砌体粉刷、地下室楼地面、地下室墙顶、楼梯间、设备间装修和屋面所有工程。安装工程是所有水、电及通风空调工程			
		写字楼	主体结构、砌体粉刷、楼梯间修和屋面所有工程,以及水、电及通风空调(公共区域)安装工程			
		住宅	主体结构、砌体粉刷、楼梯间装修、外墙保温及楼地面			

2. 工程特点及施工难点

(1) 工程特点

1) 体量大：基坑尺寸为 450m×135m。

2) 所有单体同时开工。

3) 工期紧：实际工期 15 个月不到，跨越两个冬季。

4) 单体工程多：本工程高层公寓 10 栋、写字楼 3 栋、地下室、大商业、底商，而且在一个基坑内。

(2) 工程难点

1) 基坑支护复杂：有环撑、桩锚、角撑、斜抛撑等多种支护形式，施工难度大，A1 区 1、2、3 段北侧为斜抛撑，需换撑，斜抛撑影响坡道施工。

2) 场地狭窄：基坑东侧至小区围墙仅有 2m，西侧为办公区北侧，北侧紧邻居民区，无法实现环形道路，为此 7、8 段底板做钢筋临时加工场。

3) 地质复杂，70% 区域为粉煤灰，降水难度巨大，局部地基为 CFG 桩，必须先进行土方开挖后打桩，A1 区 8 段滞后，为关键路线。

4) 总包管理难度大：工程体量大，参建单位众多，分包单位亦多，精装施工阶段甲指分包单位多达 150 多家，高峰期间达 200 多家，各专业交叉作业、立体作业是总承包管理协调的难点及也是重点。

5) 地域差别：北方和南方工期一样没有差别，冬期施工时间长，冬期施工模板拆除严重滞后，混凝土强度提高的慢，影响二次结构及其他分包单位插入施工。

14.3.2 已取得成果

(1) 受图纸、地下障碍物以及地质原因影响，1 号写字楼主体结构滞后两个多月开工，斜抛撑部位的结构后施工等严重影响了项目的总体进度，项目部较好地解决了各工序的及时穿插，弥补了主体结构滞后的影响。

(2) 确保 2010 年 11 月 20 日大商业开业，12 月 10 日住宅入住。

(3) 工程结算即将结束，取得了一定的经济效益，维修基本结束。

(4) 三栋塔楼获得天津市海河杯。

(5) 继续承建 33 万 m^2 的天津河东某中心项目，产生了良好的社会效益。

14.3.3 施工组织与部署

1. 组织模式

建立总承包项目部。项目部设置工程、安全、合约、物资、质量、技术等职能部门，按施工区域设置几个区段长进行区段管理。

2. 管理模式

主要资源由公司集中配置，采用项目经理负责制。

3. 现场平面布置

根据工程进度，现场总平面布置应在不同时段及时进行调整：

(1) 桩基施工平面；

(2) 基坑开挖平面；

(3) 地下结构施工平面；

(4) 地上施工（回填后）平面布置；

(5) 周转场地布置：考虑周转材料快进快出，必须设置临时场地；

(6) 现场临时拆除后的场地布置。

4. 现场运输

(1) 水平运输：修路，多开门。

(2) 垂直运输：塔吊、外运电梯等配置要计算不同时段的运量。

5. 施工部署及施工区、段划分

根据现场实际情况、工程体量、后浇带及塔吊部署分为三个施工区、21个施工段，一个区配备一个劳务队，施工区、段划分如表14-31所示。

施工区、段划分　　　　　　　　表14-31

施工区	施工段	地下及裙房	塔楼	合计
A1	9	93000	33400	126400
A2	8	82660		82660
A3	4	47200	66800	114000
合计	21	222860	100200	323060

14.3.4　工期管理

1. 进度计划说明

(1) 进度计划编制未考虑基坑止水、支护、降水、挖土，计划开始按垫层施工为起点。

(2) 写字楼仅施工外墙及电梯前室装修，住宅公共区域是装修，户内为腻子墙面，毛坯房交验。

(3) 分析业主项目各阶段目标，合理分解施工区段确定工作单元。

(4) 计划包含业主分包，满足工程竣工验收的所有工作内容。

2. 总控计划

(1) 大商业总控计划（图14-10）；

(2) 住宅总控计划（图14-11）；

(3) 大商业各专业工期比率（图14-12）；

(4) 住宅各专业工期比率（图14-13）。

3. 计划管理及分级实施

(1) 计划管理

1) 确定项目关键线路

根据业主节点工期要求，结合市场实际情况确定项目实施的关键线路，A2区8段，1号写字楼是关键线路。

2) 项目部必须有完整的施工进度计划

任务名称	工期	开始时间	完成时间
1 篇工准备	1 工作日	2009年10月25日	2009年10月25日
2 地下室结构	137 工作日	2009年10月26日	2010年3月11日
3 地上结构	153 工作日	2009年11月25日	2010年4月26日
4 屋面构筑物	30 工作日	2010年4月17日	2010年5月16日
5 塔楼屋面构筑物	177 工作日	2010年2月11日	2010年8月6日
6 地下室砌体	80 工作日	2010年4月1日	2010年6月19日
7 地上二次砌筑	91 工作日	2010年4月11日	2010年7月10日
8 塔楼	87 工作日	2010年6月26日	2010年9月20日
9 屋面工程	160 工作日	2010年5月2日	2010年10月8日
10 塔吊拆除	6 工作日	2010年10月9日	2010年10月14日
11 粗装工程	210 工作日	2010年4月22日	2010年11月17日
12 机电综合管线设计	30 工作日	2010年3月27日	2010年4月25日
13 电气安装	219 工作日	2010年4月8日	2010年11月12日
14 给排水工程	110 工作日	2010年4月7日	2010年7月25日
15 通风空调工程	225 工作日	2010年4月1日	2010年11月11日
16 消防工程	265 工作日	2010年2月16日	2010年11月7日
17 排烟系统	159 工作日	2010年2月1日	2010年7月9日
18 主要功能房	210 工作日	2010年3月17日	2010年10月12日
19 弱电工程	100 工作日	2010年7月31日	2010年11月7日
20 消防系统调试	30 工作日	2010年10月13日	2010年11月11日
21 消防验收	3 工作日	2010年11月12日	2010年11月14日
22 电梯工程	185 工作日	2010年5月11日	2010年11月11日
23 幕墙	127 工作日	2010年7月6日	2010年11月9日
24 精装修工程	110 工作日	2010年7月26日	2010年11月14日
25 室外工程	44 工作日	2010年10月2日	2010年11月14日
26 全街铺装	30 工作日	2010年9月29日	2010年10月28日
27 广场	97 工作日	2010年8月8日	2010年11月12日
28 备案验收	3 工作日	2010年11月15日	2010年11月17日
29 开业	3 工作日	2010年11月18日	2010年11月20日

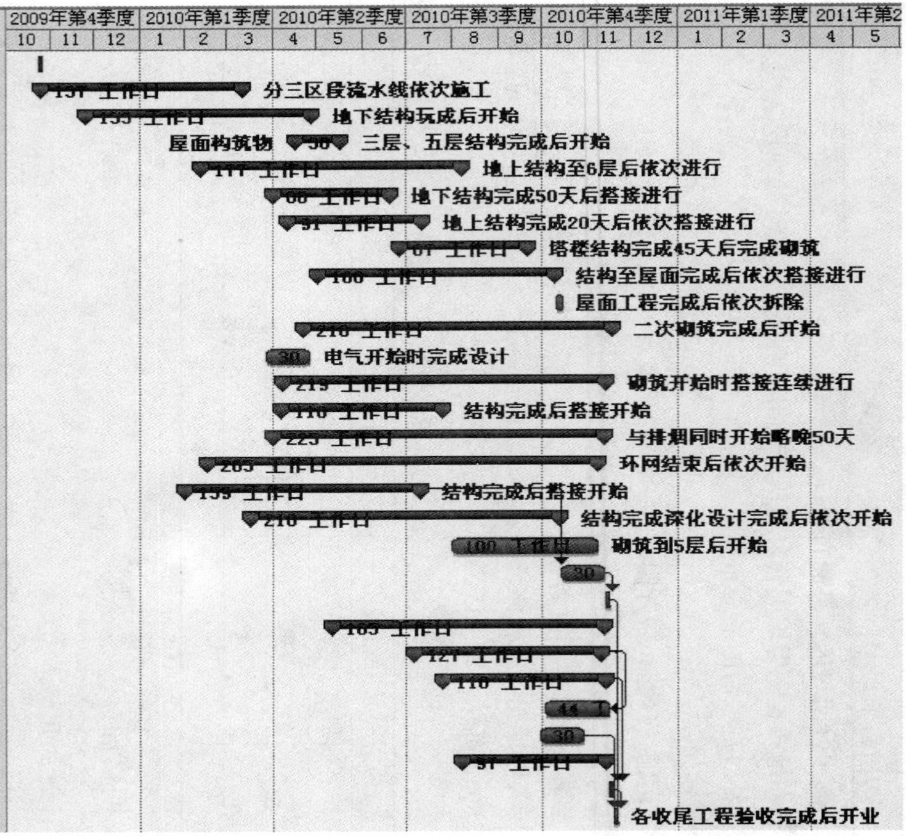

图 14-10 大商业总控计划

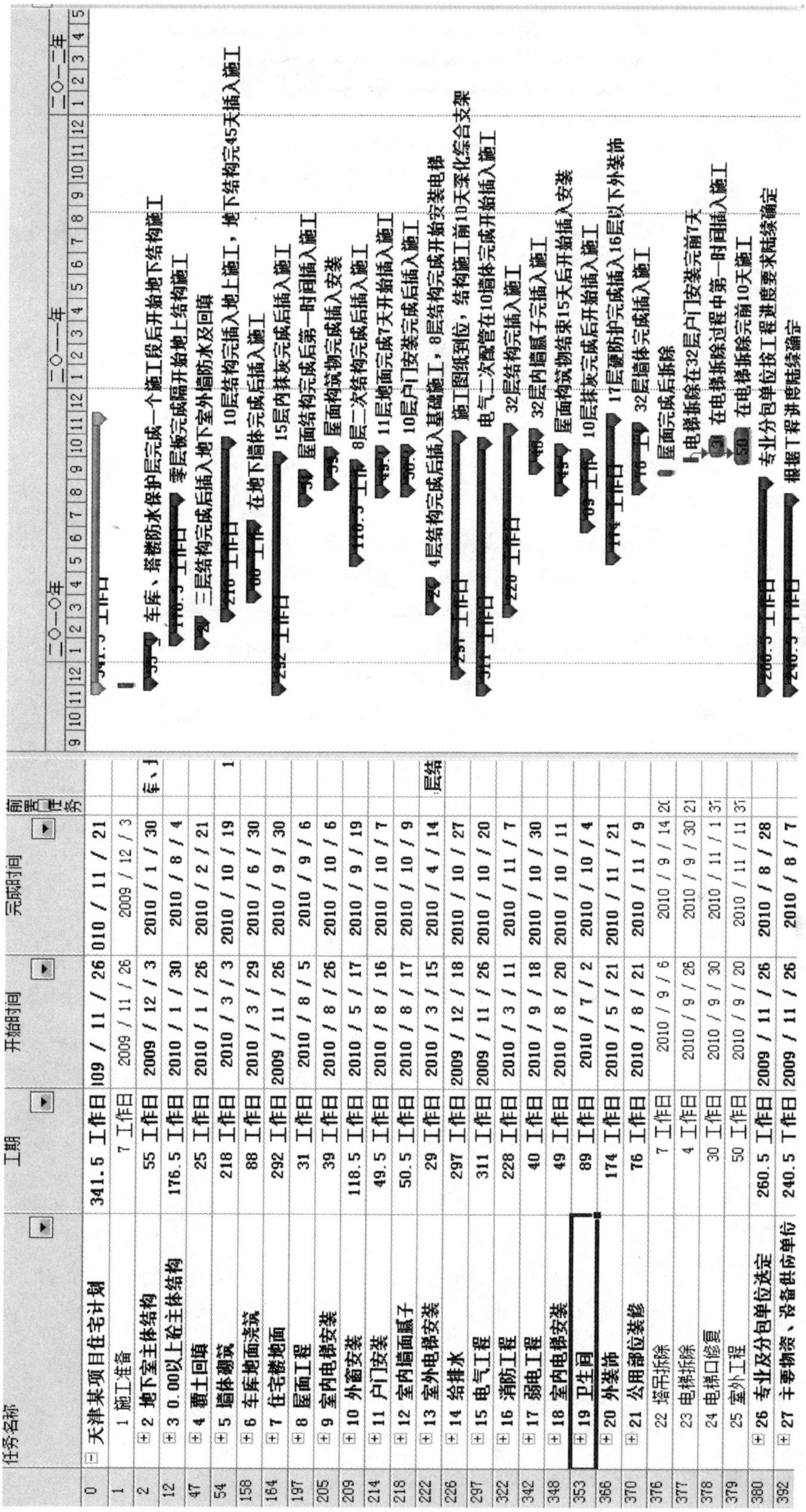

14.3 天津某广场工期管理

图 14-11 住宅总控计划

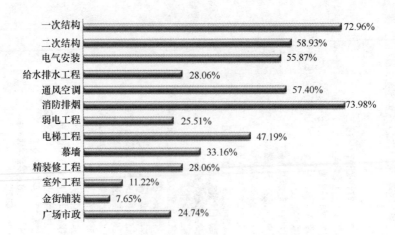

图 14-12 大商业各专业工期比率

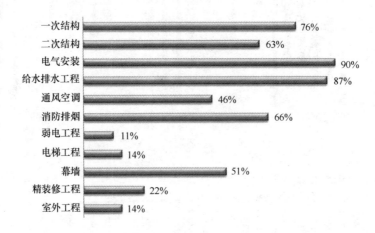

图 14-13 住宅各专业工期比率

根据现有的施工图纸和现场施工环境编制完整的施工进度计划，该项目大商业一般都是地下 2 层，地上 3～5 层，基坑支护形式的不确定性，地质勘探资料不全，图纸不到位，合同目标不变。如何实现项目工序目标的实现，施工计划管理是实现目标的根本保证。

（2）大商业分级计划

1) 关键线路（图 14-14）；

2) 主体结构控制计划（图 14-15）；

3) 写字楼标准层控制计划（图 14-16）；

4) 住宅标准层控制计划（图 14-17）；

5) 二次砌筑控制计划（图 14-18）；

6) 机电安装控制计划（图 14-19）；

7) 重点部位控制计划（图 14-20）；

8) 屋面工程控制计划（图 14-21）。

14.3 天津某广场工期管理

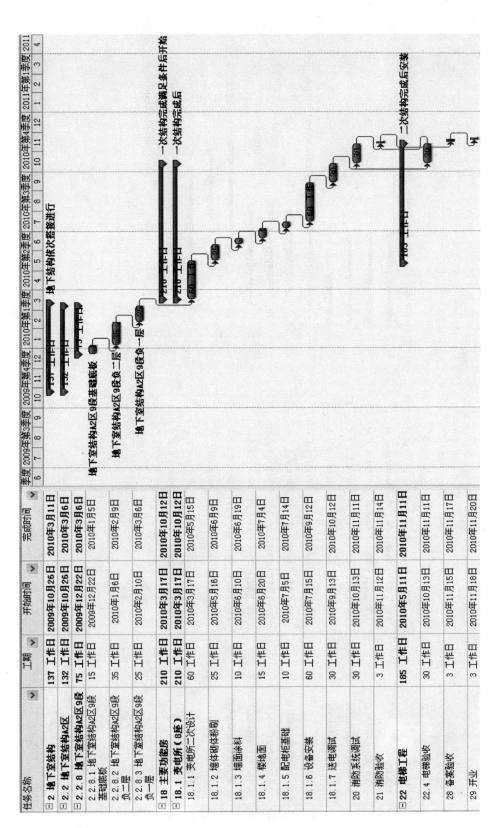

图 14-14 关键线路

任务名称	工期	开始时间	完成时间
2 − 2 地下室结构	137 工作日	2009 / 10 / 26	2010 / 3 / 11
3 + 2.1 地下室结构A1区	132 工作日	2009 / 10 / 31	2010 / 3 / 11
41 + 2.2 地下室结构A2区	132 工作日	2009 / 10 / 26	2010 / 3 / 6
74 + 2.3 地下室结构A3区	73 工作日	2009 / 10 / 26	2010 / 1 / 6
93 − 3 地上结构	153 工作日	2009 / 11 / 25	2010 / 4 / 26
94 + 3.1 地上结构A1区	133 工作日	2009 / 12 / 10	2010 / 4 / 21
139 + 3.2 地上结构A2区	133 工作日	2009 / 12 / 15	2010 / 4 / 26
175 + 3.3 地上结构A3区	153 工作日	2009 / 11 / 25	2010 / 4 / 26
209 − 5 塔楼结构及屋面构筑物	177 工作日	2010 / 2 / 11	2010 / 8 / 6
210 + 5.1 塔楼A1区8段	100 工作日	2010 / 4 / 17	2010 / 7 / 25
232 + 5.3 塔楼A2区1段	120 工作日	2010 / 2 / 11	2010 / 6 / 10
254 + 5.5 塔楼A3区3段	120 工作日	2010 / 2 / 16	2010 / 6 / 15

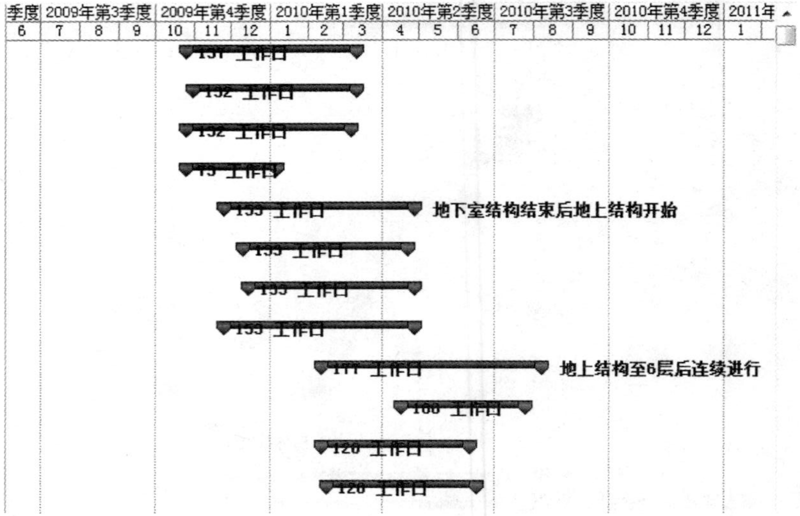

图 14-15 主体结构控制计划

14.3 天津某广场工期管理

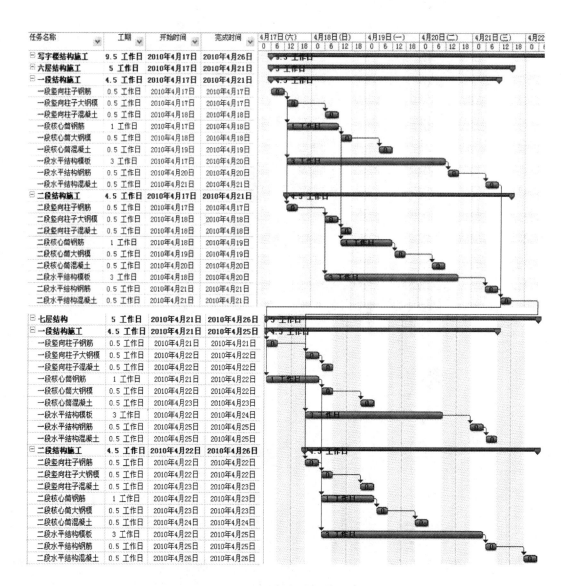

图 14-16 写字楼标准层控制计划

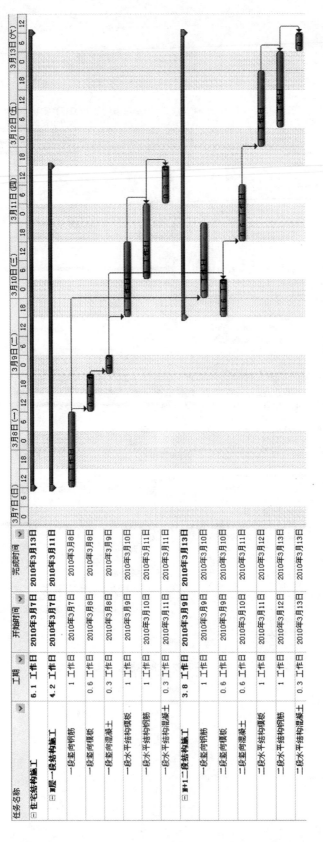

图 14-17 住宅标准层控制计划

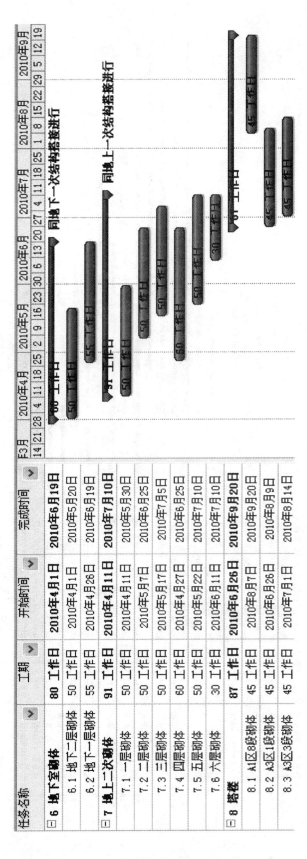

图 14-18 二次砌筑控制计划

任务名称	工期	开始时间	完成时间
□ 13 电气安装	219 工作日	2010年4月8日	2010年11月12日
13.1 墙体配管安装	90 工作日	2010年4月8日	2010年7月6日
13.2 水平桥架安装	193 工作日	2010年4月16日	2010年10月25日
13.3 竖向桥架安装	38 工作日	2010年5月2日	2010年6月8日
13.4 配电箱安装	117 工作日	2010年5月9日	2010年9月2日
13.6 地下室照明	90 工作日	2010年5月6日	2010年8月3日
13.8 屋面避雷带安装	55 工作日	2010年9月19日	2010年11月12日
□ 14 给排水工程	110 工作日	2010年4月7日	2010年7月25日
□ 14.1 地下污水系统安装	85 工作日	2010年4月26日	2010年7月19日
14.1.1 地下一层污水管道	40 工作日	2010年4月26日	2010年6月4日
14.1.2 地下二层污水管道	40 工作日	2010年4月26日	2010年6月4日
14.1.3 厨房污水管安装	30 工作日	2010年5月2日	2010年5月31日
14.1.4 污水泵安装	55 工作日	2010年6月5日	2010年7月19日
14.2 排水系统安装	55 工作日	2010年4月7日	2010年5月31日
14.3 给水系统安装	85 工作日	2010年5月2日	2010年7月25日
□ 15 通风空调工程	225 工作日	2010年4月1日	2010年11月11日
15.1 空调给水系统安装	178 工作日	2010年4月1日	2010年9月25日
15.2 空调冷却水系统	191 工作日	2010年4月1日	2010年10月8日
15.3 空调风系统安装	205 工作日	2010年4月21日	2010年11月11日
□ 16 消防工程	265 工作日	2010年2月16日	2010年11月7日
16.1 消防给水系统	101 工作日	2010年4月1日	2010年7月10日
16.2 消防喷淋管安装	145 工作日	2010年2月16日	2010年7月10日
16.3 防火门安装	85 工作日	2010年4月1日	2010年7月24日
□ 17 排烟系统	159 工作日	2010年2月1日	2010年7月9日
17.1 地下室排烟风管安装	100 工作日	2010年4月1日	2010年7月9日
17.2 百货排烟风管安装	125 工作日	2010年2月1日	2010年6月6日
17.3 综合楼排烟风管安装	130 工作日	2010年2月6日	2010年6月15日
17.4 娱乐餐排烟风管安装	85 工作日	2010年3月18日	2010年6月10日
17.5 步行街排烟风管安装	55 工作日	2010年4月16日	2010年6月9日
17.6 竖向排烟风管安装	45 工作日	2010年4月22日	2010年6月5日
17.7 排油烟系统	45 工作日	2010年4月22日	2010年6月5日
17.7.1 排油烟风管安装	45 工作日	2010年4月22日	2010年6月5日

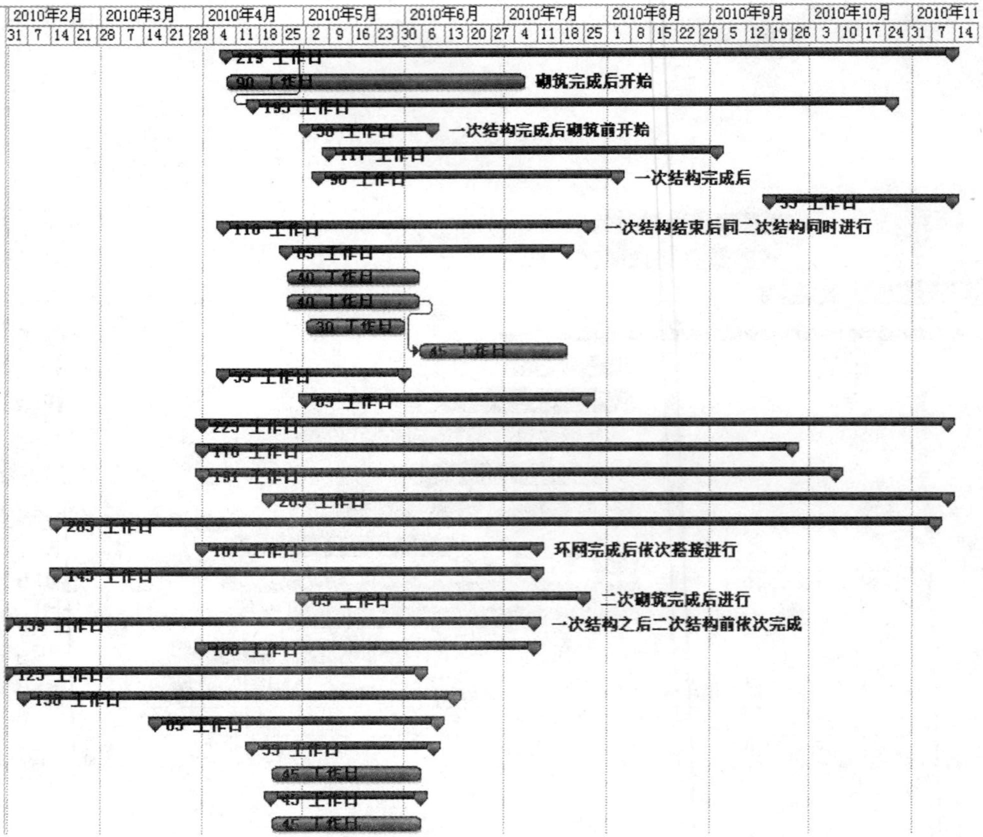

图 14-19 机电安装控制计划

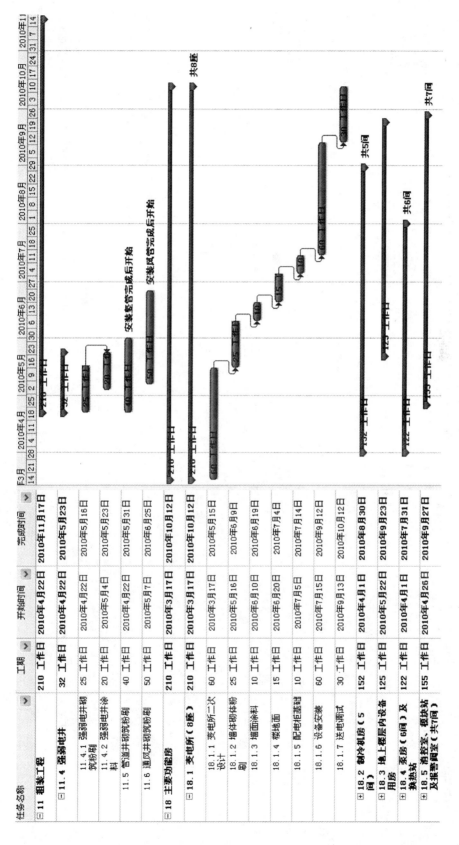

图 14-20 重点部位控制计划

第14章 工程实例

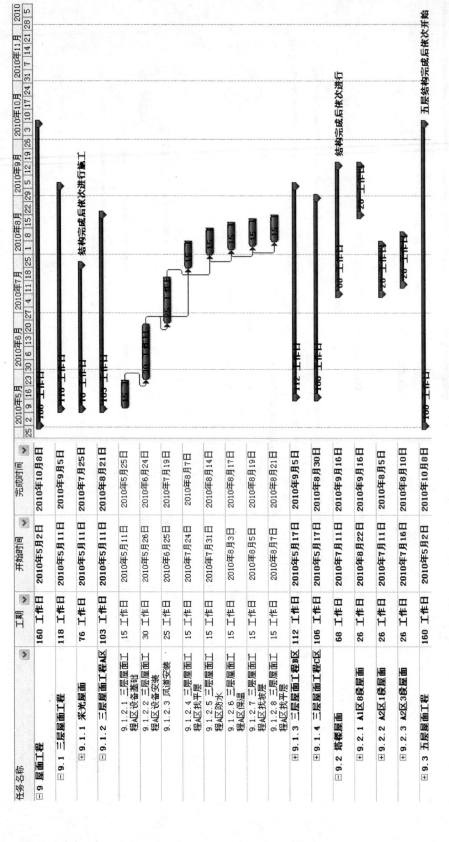

图 14-21 屋面工程控制计划

(3) 计划动态管理

1) 要及时确定时期的工作关键线路,因为单层面积大,各层、各区域的关键线路经常发生变化。根据总进度关键路线确定各施区域、各施工阶段关键线路。

2) 计划管理必须进行过程动态管理,该项目大商业体量大,水平、高低空各种专业、工序穿插多,各专业、各工序的实际进度要及时跟踪,进行动态分析。

3) 适时分析:通过动态分析,找到影响进度的关键线路的主要环节,便于项目经理能够及时采取有效措施,同时也能给今后的工程索赔提供依据。

(4) 计划考核

1) 进度计划管理必须进行考核

对相关责任人要进行管理行为的考核;要对劳务单位进行进度考核。

①管理者人的行为考核:即对项目各级管理者进行分级考核。由于万达项目体量大,工作强度大,各级管理人员的思想有时不够集中,过程管理容易忽视,所以要对计划编制的完整性进行考核,对过程计划执行情况动态跟踪的考核,对影响进度要素是否分析进行考核。

②对劳务队进度进行考核。该项目劳务合同中的节点工期要根据业主方的影响程度及时调整节点奖罚措施,并严格考核兑现。

(5) 住宅工程的施工穿插

1) 基坑回填

外脚手架采用结构爬架,结构施工至3层时插入爬架施工,并且把地下外墙模板拆除清理干净,基层修补完毕,给地下外墙防水、保护层、基坑回填创造施工条件。

2) 二次结构砌筑

各专业顺向管道系统根据主体进度穿插;结构施工至4层时插入施工电梯基础施工;结构施工至8层时施工电梯安装;结构施工至9层时二次结构插入施工,二次结构3层同时展开施工。

①样板先行,10幢高层公寓8层均做样板间,样板间先行施工,解决暴露结构与装饰存在的问题,指导后续施工。

②强弱电间、管道井、楼梯间ALC板隔墙优先组织施工,方便电气、给水、消防等后续工序提前穿插施工。

③空调板、卫生间ALC板隔墙施工:首先插入空调板的ALC板施工,满足外墙装饰施工;卫生间ALC板隔墙穿插施工,满足卫生间的给排水、地面、墙面防水等后续工序施工。

3) 主体验收穿插

每8层进行一次主体结构验收,为装修创造条件;安装各专业竖向管道结构施工至66层时及时穿插。

4) 粗装修工程

户内墙、底、顶根据主体验收及时穿插;楼梯踏步施工要提前介入;管道间根据管道进度穿插;卫生间、厨房间、强弱电间三小间根据结构提前穿插。

5) 外墙装饰

结构施工至 19 层时，17 层模板拆除完搭设硬防护，安装吊篮进行 16 层以下的外墙保温施工。屋面施工结束后，吊篮上翻屋面进行 16 层以上外墙保温施工，最后进行外墙涂料施工。吊篮分两次安装。

6）专业分包单位

外窗施工根据外墙施工穿插；户门施工根据地坪施工穿插；室内精装施工根据公用井道墙体穿插。

7）屋面工程

屋面结构工程完成后，及时施工屋面各构造层，满足屋面吊篮的安装及屋面设备安装。

8）电梯

室内电梯竣工前 45 天投入使用；施工电梯竣工前 45 天拆除进行外墙收口。

（6）收尾计划

进行消项清单管理，消项清单表式如表 14-32 所示。

消 项 清 单　　　　　　　　　表 14-32

项目	分区	部位	内容	计划			项目部		责任单位
				开始	时间	完成	责任领导	责任人	

14.3.5 资源投入与配置

1. 计划与资源配置

（1）大商业裙房材料含量表，见表 14-33。

大商业裙房材料含量表　　　　　　　　　表 14-33

建筑面积	钢　材		混凝土		模　板	
大商业地下室	总量	平方米含量	总量	平方米含量	总量	平方米含量
96000	13152000	137	114240	1.19	236160	2.46
126800	7649844	60.33	51988	0.41	315732	2.49

（2）写字楼主要材料含量表，见表 14-34。

写字楼主要材料含量表　　　　　　　　　表 14-34

分项名称	面积	钢材		混凝土		模板		其中钢模	
写字楼	面积	总量	平方米含量	总量	平方米含量	总量	平方米含量	总量	平方米含量
总	100200	6061098	60.49	40080	0.4	238476	2.38	81162	0.81
每层	1670	101018		668		3975		1353	

（3）住宅主要材料含量表，见表 14-35。

住宅主要材料含量表   表14-35

分项名称	面积	钢材		混凝土		模板		顺向钢模	
住宅	面积	总量	平方米含量	总量	平方米含量	总量	平方米含量	总量	平方米含量
总	210000	13700400	65.24	117600	0.56	686700	3.27	394800	1.88
每层	680	44363		381		945		1278	

（4）劳动力配置，见表14-36。

劳动力配置表   表14-36

劳动力（人）	住宅（每栋）	钢模（每栋）	写字楼（每栋）
钢筋工	40	40	50
混凝土工	25	25	30
钢模		15	32
木模	65	35	40
合计	130	115	152

2. 主要材料使用投入

（1）土建主要材料，见表14-37。

土建主要材料列表   表14-37

序号	名称	单位	数量
1	钢材	t	46366
2	其他钢材	t	1350
3	混凝土	m³	335000
4	木方	m³	5000
5	多层板	m²	347000
6	水泥	t	20700
7	砌块	m³	52000
8	ALC板	m³	4700
9	陶粒	m³	4550
10	干混砂浆	t	15600
11	套筒	个	835000
12	保温杯	m³	200000
13	屋面缸砖	片	484680

（2）安装甲供材料，见表14-38。

安装甲供材料列表

表14-38

序号	物资名称	单位	数量
1	电缆	m	21000
2	配电箱	台	1200
3	母线	m	1300
4	空调机组、风机盘管	台	1002
5	阀门、水表	只	14800
6	散热器	m	15860
7	风机	台	366
8	水泵	台	410

(3) 安装主要材料，见表14-39。

安装主要材料列表

表14-39

1	名 称	单 位	数 量
2	JDG管	m	194000
3	电缆	m	163000
4	桥架	m	41000
5	电线	m	510000
6	配电箱柜	台	1168
7	铸铁管	m	14000
8	钢管	m	8600
9	衬塑管	m	29000
10	水泵	m	356
11	阀门	只	3148
12	水管	m	41000
13	镀锌钢板	m²	47000
14	阀门	只	9731
15	空调设备	台	1300

3. 周转料具投入

见表14-40。

周转料具投入表

表14-40

1	钢　管	米	1210000
2	扣件	只	995000
3	碗扣	米	1400000
4	快拆立杆横杆	米	205000
5	快拆主次龙骨	米	46000
6	大钢模	m²	9900
7	U托	个	197000

4. 机械设备投入

见表 14-41。

机械设备投入表 表 14-41

塔吊	外运电梯	物料提升机	龙门吊	汽车吊	固定混凝土泵车	车载泵
12	23	6	1	1~2	15	3

5. 各专业造价比率

见表 14-42。

各专业造价比率 表 14-42

序号	业态	总造价	土建	安装	甲指分包	造价比
1	大商业	65191	33770.00	7380.00	24041.00	36.88%
2	塔楼	14383	8200.00	1150.00	5033.00	34.99%
3	住宅	62199	31984.00	3650.00	14345.00	23.06%
4	地下四大块		12220.00			
5	甲供材			7198		
6	甲指分包	141773	86174	19378.00	36221	
	合计		60.78%	18.75%	25.55%	

6. 住宅各主要造价比率

见表 14-43。

住宅各主要造价比率 表 14-43

序号	专业分包	合同额（万元）	造价比	元/m²
1	土建	31984.0	68.12%	1523.05
2	防水施工	280.0	0.60%	13.33
3	铝窗	3627.0	7.73%	172.71
4	电气	1730.0	3.68%	82.38
5	给水排水	1920.0	4.09%	91.43
6	泛光照明	925.0	1.97%	44.05
7	弱电工程	378.0	0.81%	18.00
8	电梯安装工程	325.0	0.69%	15.48
9	装修工程	1180.0	2.51%	56.19
10	消防工程	1600.0	3.41%	76.19
11	甲供材料	3000.0	6.39%	142.86
	合计	46949.00	210000	

7. 写字楼各专业造价比率

见表 14-44。

写字楼各专业造价比率　　　　　　　　　　表 14-44

序号	专业分包	合同额（万元）	造价比	面积单价
1	土建	8200.00	57.01%	818
3	幕墙	2800.00	19.47%	279
5	空调安装	800.00	5.56%	80
6	电气	300.00	2.09%	30
7	给水排水	50.00	0.35%	5
8	泛光照明	400.00	2.78%	40
10	电梯安装工程	153.00	1.06%	15
11	装修工程	1180.00	8.20%	118
12	消防工程	500.00	3.48%	50
	合　　计	14383.00	100200	

14.3.6 现场管理措施

1. 工期与策划

（1）工期策划首先要满足业主对项目公司的各项管控计划，也就是业主的节点目标。项目部必须认真分析管控计划目标，业主目标的不可改变性是工期策划的重点。

（2）土方开挖前的拆迁、基坑地质情况对工期影响巨大，项目部要发挥各项资源配合业主，对工期影响较大时要及时与业主沟通，减轻项目管理公司工期压力，合理调整工期节点。

（3）工期策划必须有总体考虑和阶段目标，两者相互统一又制约，工期策划与节点付款要紧密结合。

2. 工期与资源管理

（1）主要资源劳务、材料公司集中采购，主要材料要有多家供货商。

（2）主体结构采用劳务包清工（劳务含机械、辅材），建筑面积不能超过 10 万 m^2。

（3）初装劳务采用固定单价清包，建筑面积不能超过 5 万 m^2。

（4）专业分包中 70% 主要材料采用甲供模式。

3. 工期与技术管理

（1）该项目的使用功能根据招商和销售情况一直在变，图纸的不及时、图纸质量差会给正常施工带来很大的影响。项目部技术人员配置必须到位，一般要设置项目总工，负责项目全面技术工作；项目副总工或方案师要负责各项施工方案的编制工作；根据施工区段，每 5 万 m^2 配置技术负责人。

（2）图纸优化：图纸优化要从基坑支护、底板施工、后浇带、外立面等方面进行，分析现场实际情况和节点计划，主要解决施工能够穿插的问题。

（3）方案优化：采用各项新材料、新工艺、新技术提高施工功效降低施工成本。

4. 工期与施工机械设备配置

（1）垂直运输要配置性能良好的塔吊，且安装顶升快速方便，群塔施工时塔吊性能必须接近。塔吊数量配置应按最不利的条件计算。32层的高层建筑，单层面积700m²以下，配置6015型塔吊可满足两栋高层钢模施工；1400m²以上的高层建筑塔吊要单独配置一台6015型塔吊。

（2）外运电梯配置性能数量要考虑计划工期内所有总承包管理内容。

（3）综合体单层面积大四周必须设置运输设备。

（4）30层以上的精装修写字楼要考虑高速电梯，根据施工工期适当考虑施工双电梯。

（5）地下室运输工具要定制，根据现场配置物料提升机或龙门架等。

5. 工期与专业分包

（1）工期与机电配合

1）机电图纸必须进行深化设计，重点优化综合管线、设备机房、屋面设备安装。

2）综合体项目要重点突出主要设备房、强弱电井、通风井、管道井等部位的优先施工。

（2）工期与装饰

屋面优先施工，及时断水，合理设置临时供水系统为装饰创造条件，施工交界面划分到位可以保证装饰及时穿插。

（3）工期与立体交叉

垂直运输设备配置到位，安全防护设置齐全，合理划分立体施工段，可以保证质量、安全。

（4）工期与室外总体施工

1）影响室外总体施工的主要因素是综合管线设计。室外配套工程要优先设计，各种进出接驳口要及时确定，根据管线布置调整现场平面设施，进行分段施工，施工时要突出雨水、污水、电力等影响工程调试等关键项目。

2）塔吊、外运电梯拆除、外立面施工是影响室外景观、铺装施工的前提条件，关键时间部位要严格控制。

6. 工期与商务

（1）工期与法务合约

1）紧扣节点工期：工期、付款条件、违约责任。

2）签证时效在合同中严格规定，工程副总为业主现场代表，更换频繁。

3）结算时效：严格按合同进行阶段结算，确保工程款按计划回。

4）通过计划管理，非承包商原因缩短绝对施工工期，赶工部位加大周转材料投入的可以进行签证。

（2）工期与成本控制

1）合理的工期压缩可以减少措施费的投入，降低工期成本。

2）合理的工期压缩可以降低现场经费的开支。

3）按节点付款，工期压缩有利于资金回收，降低资金成本。

4）局部抢工增加的成本有限，也可以控制。

（3）工期与总、分包结算

1) 严格控制工期节点有利于提高总、分包结算的时效。
2) 严格控制工期节点可以降低结算成本。

14.3.7　工期管理经验

(1) 保证节点目标实现就是保证合同的实现，工期管控是关键中的关键。

(2) 加强沟通，做好业主、公司、项目各个层面的沟通及衔接，把不可能变为可能。

(3) 技术保障，设计优化、方案优化不仅能够保障进度，同时也能降低成本。